Angela Heim

Kaufmann/Kauffrau für Büromanagement

Die mündliche Abschlussprüfung clever bestehen

Bestell-Nr. 2309

u-form Verlag · Hermann Ullrich GmbH & Co. KG

Deine Meinung ist uns wichtig!

Du hast Fragen, Anregungen oder Kritik zu diesem Produkt?
Das u-form Team steht dir gerne Rede und Antwort.

Einfach eine kurze E-Mail an
feedback@u-form.de

Sollte es für diese Auflage Korrekturen oder Zusatzinfos geben, kannst du diese unter folgendem Link herunterladen:

 www.u-form.de/addons/2309-2026.zip

Wenn der Link nicht aufrufbar ist, haben wir noch keine Änderungen hinterlegt.

9. Auflage 2026 · ISBN 978-3-95532-309-7

Alle Rechte liegen beim Verlag bzw. sind der Verwertungsgesellschaft Wort, Untere Weidenstr. 5, 81543 München, Telefon 089 514120, zur treuhänderischen Wahrnehmung überlassen. Damit ist jegliche Verbreitung und Vervielfältigung dieses Werkes – durch welches Medium auch immer – untersagt.

 © u-form Verlag | Hermann Ullrich GmbH & Co. KG
Cronenberger Straße 42 | 42651 Solingen
Telefon 0212 22207-0 | E-Mail: uform@u-form.de
Internet: www.u-form.de

Inhaltsverzeichnis

	Wichtige Informationen zur Neuordnung 2025	8 – 12
1	**Die gestreckte Abschlussprüfung**	**13 – 31**
1.1	Gesamtüberblick	13
1.2	Schriftliche Prüfungsbereiche	16
1.2.1	Teil 1: „Informationstechnisches Büromanagement"	16
1.2.2	Teil 2: „Kundenbeziehungsprozesse" und „Wirtschafts- und Sozialkunde"	17
⏱	**FÜR EILIGE**	19
1.3	Zwei Wahlmöglichkeiten in der mündlichen Prüfung	20
1.3.1	Exkurs Wahlqualifikationen	20
1.3.2	Die zwei Varianten der mündlichen Prüfung	22
⏱	**FÜR EILIGE**	24
1.4	Gewichtung der Prüfungsbereiche und Bestehensregelung	25
1.4.1	Gewichtung	25
1.4.2	Bestehensregelung	26
1.4.3	Mündliche Ergänzungsprüfung	28
1.5	Zusatzqualifikation	30
2	**Wahlmöglichkeit 1 der mündlichen Prüfung: Betriebliche Fachaufgabe mit Report und fallbezogenem Fachgespräch**	**33 – 70**
2.1	Wie finde ich das passende Thema?	34
2.1.1	Wann fange ich mit der Suche nach Themenvorschlägen an?	35
2.1.2	Welche Themen und Aufträge eignen sich zur Fachaufgabe?	37
2.1.3	Ideensammlung für Themen	47
⏱	**FÜR EILIGE**	48
2.2	Was gehört in den Report?	49
2.2.1	Struktur und Aufbau des Reports	51
2.2.2	Was ist sonst noch beim Report zu beachten?	56
⏱	**FÜR EILIGE**	57
2.3	Wie bereite ich mich optimal auf das Fachgespräch vor?	59
2.3.1	Prüfungseröffnung	59
2.3.2	Darstellung der Fachaufgabe und des Lösungsweges vor dem Prüfungsausschuss	61
2.3.3	Anschließendes Fachgespräch über die betriebliche Fachaufgabe	64

Inhaltsverzeichnis

3	**Wahlmöglichkeit 2 der mündlichen Prüfung:** **Praxisbezogene Fachaufgabe mit Vorbereitungszeit und anschließendem fallbezogenem Fachgespräch**	71 – 100
3.1	Zu erwartender Ablauf der Prüfung	72
3.1.1	Ausgangssituation	72
3.1.2	Struktur der Prüfung	73
3.1.3	Prüfungsbeginn	73
3.1.4	Wahl der Aufgabe	74
3.2	Beispiele für praxisbezogene Fachaufgaben	75
3.2.1	Aufgabenstruktur	75
3.2.2	Inhalt der praxisbezogenen Fachaufgaben	76
3.2.3	Beispiele für Praxisaufgaben	77
3.2.4	Schlussfolgerungen für die Vorbereitungsphase	79
3.3	Vorbereitungszeit am Prüfungstag	84
	FÜR EILIGE	91
3.4	Darstellung und Begründung des Lösungsweges vor dem Prüfungsausschuss	92
3.5	Anschließendes Fachgespräch über die praxisbezogene Fachaufgabe	93

4	**Praktische Tipps und Hilfen für die mündliche Prüfung**	101 – 117
4.1	Lern- und Zeitmanagement in der Vorbereitungsphase	102
4.2	Wie gelange ich zu einer positiven Einstellung zur Prüfung?	105
4.2.1	Informationen über die Prüfung einholen	105
4.2.2	Positive Sichtweise finden	106
4.2.3	Störende Gedanken loswerden	108
4.3	Mein Tag vor der Prüfung	113
4.4	Am Prüfungsmorgen	114
4.5	Vor dem Prüfungsraum	114
4.6	Während der Prüfung	115
4.7	Nach dem Prüfungsgespräch	116
	FÜR EILIGE	116

Literaturverzeichnis	118
Bildnachweis	118

Einleitung

Liebe Auszubildende,

springen Sie beim Gedanken an Ihre bevorstehende Prüfung vor Freude in die Luft?

Nein, sicherlich nicht. Denn für viele von uns sind Prüfungssituationen oder Bewertungssituationen ein nicht gerade angenehmer Gedanke – erinnern wir uns an schwierige Klassenarbeiten oder Klausuren, an einen wichtigen Kurzvortrag, an die Führerscheinprüfung, Vorstellungsgespräche oder ähnliches. In all diesen Situationen wird unsere Leistung bewertet, und die meisten von uns sind froh, wenn sie es hinter sich gebracht haben.

Die Abschlussprüfung zum/zur „Kaufmann/-frau für Büromanagement" wollen Sie aber nicht nur hinter sich bringen, sondern – davon gehe ich aus – mit Erfolg abschließen. Dieses Buch soll Sie auf dem Weg zum erfolgreichen Abschluss der Ausbildung unterstützen und stärken. Im Fokus steht die mündliche Prüfung, also die Fachaufgabe in Ihrer Wahlqualifikation.

Angesprochen sind auch Sie, liebe AusbilderInnen, denn Sie spielen erfahrungsgemäß eine äußerst wichtige Rolle bei der Prüfungsvorbereitung Ihrer Auszubildenden. Für viele von Ihnen ist die gestreckte Abschlussprüfung „Neuland" und die bisherige Prüfungsform vielleicht noch in den Köpfen.

Nach dem Durcharbeiten des Buches sind Sie auf dem aktuellen Stand. Sie können Ihren Auszubildenden die Prüfungsform erläutern und wertvolle Tipps zur inhaltlichen Vorbereitung und zum Ablauf geben. Sie können sich für eine Prüfungsvariante entscheiden, Beispiele für betriebliche Fachaufgaben aufzeigen und differenziertes Feedback zum Report geben. Sie beraten Ihre Auszubildenden zu Möglichkeiten der mentalen Prüfungsvorbereitung – kurzum, Sie sind souverän in Ihrer Rolle als Berater und Förderer.

Hinweis:
Der Einfachheit halber richte ich mich im Buch in der Anrede direkt an die Prüflinge, und zwar in der männlichen Form.

Einleitung

Was erwartet Sie im folgenden Buch? Welchen Nutzen bringt es Ihnen konkret?

Zunächst einmal verschaffen Sie sich einen Überblick über den Aufbau und die Struktur der gesamten Abschlussprüfung. Sie werden erfahren, was eine gestreckte Abschlussprüfung bedeutet und welche Prüfungsbereiche zu Ihrer Abschlussprüfung gehören. Auch wird geklärt, wie die einzelnen Prüfungsbereiche gewichtet werden, wenn das Gesamtergebnis ermittelt wird. Sie erfahren, welche Ergebnisse Sie erzielen müssen, um die Prüfung zu bestehen.

Den rechtlichen Rahmenbedingungen kommt in Ihrer Abschlussprüfung eine besondere Bedeutung zu, denn es gibt in Ihrer mündlichen Prüfung die Wahlmöglichkeit zwischen zwei Varianten. Ihr Ausbildungsunternehmen kann – eventuell gemeinsam mit Ihnen – bereits bei der Anmeldung zur Prüfung eine wichtige Weichenstellung vornehmen. Wenn Sie mitreden möchten, ist es erforderlich, sich mit beiden Varianten auseinanderzusetzen. Außerdem erfahren Sie, was es mit der Zusatzqualifikation auf sich hat.

Im vorliegenden Buch werden beide Varianten der mündlichen Prüfung ausführlich vorgestellt – sie bilden den eigentlichen Kern. Wenn Sie die Kapitel durchgearbeitet haben, werden Sie eine konkrete Vorstellung vom Ablauf der mündlichen Prüfung haben. Wir arbeiten an Ihrer fachlichen und terminlichen Vorbereitung auf die Prüfung, aber auch an Ihrer Einstellung zur Prüfung, Ihrem Auftreten am Prüfungstag und Ihrer Kommunikation mit den Prüfern während des Prüfungsgespräches.

Sie bekommen Anregungen, wie Sie Ihren Lösungsweg strukturiert aufbauen, wie sie ihn im Prüfungsgespräch darstellen können und wie Sie mit dem Prüfungsausschuss kommunizieren. Sie erhalten Anhaltspunkte, worauf der Prüfungsausschuss bei Ihren Ausführungen besonderen Wert legt – z. B. Kommunikationsfähigkeit oder Problemlösefähigkeit – und was darunter genau zu verstehen ist.

Einleitung

Wenn Sie das Buch durchgearbeitet haben, wird Ihnen vieles, was noch unbekannt und verschwommen war, klarer erscheinen. Sie fühlen sich sicherer. Trotzdem wird die Prüfung kein Spaziergang sein, denn Sie müssen Ihr ganzes Potential und Können genau in dieser Prüfungssituation zeigen.

Vom Lesen des Buches allein werden Sie nicht fit für die Prüfung. Setzen Sie die Tipps wirklich um, üben Sie, üben Sie noch einmal, wiederholen Sie, überwinden Sie Ihren inneren Schweinehund, denken Sie positiv. Ich helfe Ihnen dabei, eine Strategie zu entwickeln, und unterstütze Sie dabei, den Prüfungsstress zu reduzieren.

Sehr gern bin ich Ihr Lotse und Motivator in der Prüfungsvorbereitung und wünsche Ihnen Durchhaltevermögen und die Power, das Beste aus sich herauszuholen. Und natürlich wünsche ich Ihnen auch Freude bei der Prüfungsvorbereitung, beim Vorankommen, Schritt für Schritt ... so dass Sie nach Ihrer bestandenen Prüfung vor Freude in die Luft springen werden! Machen wir uns an die Arbeit.

Hinweis:
Für eilige Leser sind wichtige Daten am Ende einiger Abschnitte zusammengefasst.

Neuordnung 2025

Die gesetzliche Grundlage – die Verordnung für den Ausbildungsberuf „Kaufmann/Kauffrau für Büromanagement" – wurde überarbeitet und in einzelnen Punkten im Jahr 2025 aktualisiert. Aktuell existieren zwei Verordnungen für diesen Ausbildungsberuf. Dieses Buch bezieht sich auf die Ausbildungsverhältnisse, die vor dem 1. August 2025 begonnen haben und nach den „alten", noch gültigen Prüfungsanforderungen geprüft werden.

Falls sich Leserinnen oder Leser bereits jetzt für die Aktualisierungen aus der Neuordnung 2025 interessieren, wird der folgende Infokasten Sie kurz über die wichtigsten Änderungen bezüglich der gestreckten Abschlussprüfung informieren und Klarheit bringen.

Neuordnung 2025

Welche Veränderungen gibt es beim „neuen" Kaufmann/-frau für Büromanagement bezüglich der gestreckten Abschlussprüfung?

„Alte" Verordnung Kaufmann/-frau für Büromanagement	„Neue" Verordnung Kaufmann/-frau für Büromanagement	Wichtige Anmerkungen zu den Änderungen 2025
Gültig für Berufsausbildungsverhältnisse mit **Vertragsbeginn vor dem 01.08.2025**	Gültig für Berufsausbildungsverhältnisse mit **Vertragsbeginn ab dem 01.08.2025**	
Wahlqualifikationen 1. Auftragssteuerung und -koordination 2. kaufmännische Steuerung und Kontrolle 3. kaufmännische Abläufe in kleinen und mittleren Unternehmen 4. Einkauf und Logistik 5. Marketing und Vertrieb 6. Personalwirtschaft 7. Assistenz und Sekretariat 8. Öffentlichkeitsarbeit und Veranstaltungsmanagement 9. Verwaltung und Recht 10. öffentliche Finanzwirtschaft	**Wahlqualifikationen** 1. Auftragsprozess steuern 2. Instrumente der kaufmännischen Steuerung und Kontrolle nutzen 3. kaufmännische Abläufe in kleinen und mittleren Unternehmen gestalten und umsetzen 4. Einkauf und Logistikprozesse planen, koordinieren und durchführen 5. Marketing- und Vertriebsaktivitäten mitgestalten 6. personalwirtschaftliche Prozesse umsetzen 7. Assistenzaufgaben übernehmen 8. Öffentlichkeitsarbeit gestalten und Aufgaben des Veranstaltungsmanagements übernehmen 9. Aufgaben der Verwaltung wahrnehmen und Recht anwenden 10. Haushaltsmittel planen und bewirtschaften	Zwei Wahlqualifikationen werden mit einer jeweiligen Dauer von 22 Wochen im Berufsausbildungsvertrag festgelegt und sind Grundlage für die mündliche Prüfung. Die Formulierungen wurden angepasst und sind durch die Verwendung von Verben kompetenzorientiert. **Keine inhaltlichen Änderungen!**

Neuordnung 2025

Pflichtqualifikationen	Wahlqualifikationsübergreifende berufsprofilgebende Fertigkeiten, Kenntnisse und Fähigkeiten	
1. Büroprozesse 1.1 Informationsmanagement 1.2 Informationsverarbeitung 1.3 bürowirtschaftliche Abläufe 1.4 Koordinations- und Organisationsaufgaben 2. Geschäftsprozesse 2.1 Kundenbeziehungen 2.2 Auftragsbearbeitung und -nachbereitung 2.3 Beschaffung von Material und externen Dienstleistungen 2.4 personalbezogene Aufgaben 2.5 kaufmännische Steuerung	1. Informationsmanagement anwenden 2. Informationsverarbeitung durchführen 3. bürowirtschaftliche Abläufe organisieren 4. Koordinations- und Organisationsaufgaben übernehmen 5. Kundenbeziehungen gestalten 6. Auftragsbearbeitung durchführen 7. Material und externe Dienstleistungen beschaffen 8. personalbezogene Aufgaben übernehmen 9. kaufmännische Steuerung durchführen	Diese Inhalte sind für alle Ausbildungsverhältnisse bindend. Sie spiegeln sich vor allem in der **Prüfung Teil 1** sowie in den **schriftlichen Prüfungsbereichen** von Teil 2. Die Formulierungen wurden angepasst und sind durch die Verwendung von Verben kompetenzorientiert. Durch die neue Nummerierung entfallen die Unterebenen. **Keine inhaltlichen Änderungen!**
Gemeinsame integrative Fertigkeiten, Kenntnisse und Fähigkeiten 1. Ausbildungsbetrieb 2. Arbeitsorganisation 3. Information, Kommunikation, Kooperation	**Wahlqualifikationsübergreifende integrativ zu vermittelnde Fertigkeiten, Kenntnisse und Fähigkeiten** 1. Organisation des Ausbildungsbetriebes, Berufsbildung sowie Arbeits- und Tarifrecht 2. Sicherheit und Gesundheit bei der Arbeit 3. Umweltschutz und Nachhaltigkeit 4. digitalisierte Arbeitswelt 5. Arbeitsorganisation und Informationsmanagement gestalten 6. Zusammenarbeit und Kommunikation gestalten	Diese – zum Teil neuen – Inhalte werden während der gesamten Ausbildungsdauer vermittelt und sind berufsübergreifend. Sie ergänzen die fachlichen und methodischen Ausbildungsinhalte. Die Inhalte werden sowohl in der schriftlichen Prüfung, vor allem im Prüfungsbereich **„Wirtschafts- und Sozialkunde"**, als auch in der **mündlichen Prüfung** eine Rolle spielen.

Neuordnung 2025

Prüfungsbereich „Fachaufgabe in der Wahlqualifikation"	**Prüfungsbereich „Fachaufgabe in der Wahlqualifikation"**	Die Anforderungen für die mündliche Prüfung werden in sieben, statt bisher vier, Einzelschritten formuliert. Damit sind die Kriterien übersichtlicher gestaltet und leichter zu erfassen. Der zusätzliche Begriff **„komplex"** unterstreicht, dass die Fachaufgabe einen Entscheidungsspielraum zulassen muss. Es soll bewiesen werden, dass bei der Fachaufgabe ein eigenständiges Steuern und Mitgestalten möglich war.
Für den Prüfungsbereich „Fachaufgabe in der Wahlqualifikation" bestehen folgende Vorgaben: Der Prüfling soll nachweisen, dass er in der Lage ist, a) berufstypische Aufgaben zu erfassen, Probleme und Vorgehensweisen zu erörtern sowie Lösungswege zu entwickeln, zu begründen und zu reflektieren, b) kunden- und serviceorientiert zu handeln, c) betriebspraktische Aufgaben unter Berücksichtigung wirtschaftlicher, ökologischer und rechtlicher Zusammenhänge zu planen, durchzuführen und auszuwerten sowie d) Kommunikations- und Kooperationsbedingungen zu berücksichtigen.	Im Prüfungsbereich „Fachaufgabe in der Wahlqualifikation" hat der Prüfling nachzuweisen, dass er in der Lage ist, 1. komplexe berufstypische Aufgabenstellungen zu erfassen, 2. Probleme und Vorgehensweisen zu erörtern, 3. Lösungswege zu entwickeln und zu begründen, 4. kunden- und serviceorientiert zu handeln, 5. wirtschaftliche, ökologische und rechtliche Zusammenhänge bei der Planung, Durchführung und Auswertung zu berücksichtigen, 6. Kommunikations- und Kooperationsbedingungen zu berücksichtigen sowie 7. den gewählten Lösungsweg zu reflektieren und Ergebnisse zu bewerten.	

Neuordnung 2025

Reportvariante	Betriebliche Variante	
Bei der Reportvariante bestätigt der Ausbildende, dass die Fachaufgaben vom Prüfling eigenständig im Betrieb durchgeführt worden sind.	… hat der Ausbildende zu bestätigen, dass die **komplexen** Fachaufgaben **sowie die dazu erstellten Reporte** vom Prüfling eigenständig im Ausbildungsbetrieb durchgeführt worden sind. Die Bestätigung hat ferner zu beinhalten, dass die betrieblichen Fachaufgaben so gestellt wurden, dass sie **inhaltlich den festgelegten Wahlqualifikationen entsprechen.**	Mit den neuen Anforderungen wird dem Ausbildenden (Ausbildungsbetrieb) bei der betrieblichen Variante mehr Verantwortung übertragen. Der Ausbildende muss zusätzlich bestätigen, dass die **Reporte eigenständig** vom Prüfling erstellt wurden. Die Inhalte der Fachaufgaben müssen zu den **Inhalten der Wahlqualifikationen** laut Ausbildungsrahmenplan passen – auch dies muss der Ausbildungsbetrieb im Vorfeld prüfen und der IHK mit der Abgabe bzw. Zuleitung der Reporte bestätigen.

Die gestreckte Abschlussprüfung 1

1.1 Gesamtüberblick

Im ersten Kapitel werden Sie sich die rechtlichen Grundlagen für Ihre Prüfung erarbeiten. Gesetzestexte werden in der Regel in einer „eigenen Sprache" verfasst und sind deshalb für viele Auszubildende oder auch andere Leser nicht immer leicht zu verstehen. Aus diesem Grund werden die wichtigsten rechtlichen Inhalte zu Ihrer Abschlussprüfung im folgenden Kapitel erläutert.

Für jeden staatlich anerkannten Ausbildungsberuf gibt es in Deutschland eine Verordnung, vielfach wird sie auch als Ausbildungsordnung bezeichnet. Für Ihren Beruf ist dies die **„Verordnung über die Berufsausbildung zum Kaufmann für Büromanagement und zur Kauffrau für Büromanagement".**

**Verordnung
über die Berufsausbildung
zum Kaufmann für Büromanagement und
zur Kauffrau für Büromanagement
(Büromanagementkaufleute-Ausbildungsverordnung –
BüroMKfAusbV)**

Vom 11. Dezember 2013

Auf Grund des § 4 Absatz 1 in Verbindung mit § 5 des Berufsbildungsgesetzes, von denen § 4 Absatz 1 durch Artikel 232 Nummer 1 der Verordnung vom 31. Oktober 2006 (BGBl. I S. 2407) geändert worden ist, verordnen das Bundesministerium für Wirtschaft und Technologie und das Bundesministerium des Innern im Einvernehmen mit dem Bundesministerium für Bildung und Forschung:

**§ 1
Staatliche
Anerkennung des Ausbildungsberufes**

Der Ausbildungsberuf des Kaufmanns für Büromanagement und der Kauffrau für Büromanagement wird nach § 4 Absatz 1 des Berufsbildungsgesetzes staatlich anerkannt. Der Ausbildungsberuf ist,

1 Die gestreckte Abschlussprüfung

Speziell zur gestreckten Abschlussprüfung in Ihrem Beruf gibt es **weitere Regelungen**, nämlich die **„Verordnung über die Erprobung abweichender Ausbildungs- und Prüfungsbestimmungen in der Büromanagementkaufleute-Ausbildungsverordnung vom 11. Dezember 2013"** sowie „Änderungsverordnungen" von 2014 und 2020, die einzelne Paragrafen aktualisieren. Lesen Sie bitte immer in der *Erprobungsverordnung* nach, wenn es um das Thema *Prüfung* geht.

Sie finden die Verordnungen, sofern Sie diese nicht vom Ausbildungsunternehmen erhalten haben, im Internet, z. B. auf den Seiten des Bundesinstitutes für Berufsbildung **www.bibb.de** oder auf den Seiten der Arbeitsagentur **www.berufenet.arbeitsagentur.de**.

> **Verordnung**
> **über die Erprobung abweichender Ausbildungs- und Prüfungsbestimmungen in der Büromanagementkaufleute-Ausbildungsverordnung**
>
> **Vom 11. Dezember 2013**
>
> Auf Grund des § 6 des Berufsbildungsgesetzes, der durch Artikel 232 Nummer 1 der Verordnung vom 31. Oktober 2006 (BGBl. I S. 2407) geändert worden ist, verordnen das Bundesministerium für Wirtschaft und Technologie und das Bundesministerium des Innern im Einvernehmen mit dem Bundesministerium für Bildung und Forschung nach Anhörung des Hauptausschusses des Bundesinstituts für Berufsbildung:
>
> **§ 1**
> **Ziel und Gegenstand der Erprobung**
> (1) Durch die Erprobung soll untersucht werden, ob die Durchführung der Abschlussprüfung in zwei zeitlich auseinanderfallenden Teilen die geeignete Prüfungsform für den Ausbildungsberuf des Kaufmanns für

Nun fragen Sie sich vielleicht: „Muss ich mich mit den Inhalten der Verordnung, also mit den rechtlichen Grundlagen, überhaupt beschäftigen?" Die Antwort ist eindeutig: Ja. Sie sollten den Aufbau Ihrer gestreckten Abschlussprüfung, die Prüfungsbereiche und auch die Prüfungsanforderungen überblicken und verstehen. Nur dann können Sie mitreden – auch bei der Entscheidung über Ihre Prüfungsvariante in der mündlichen Prüfung. Nur dann können Sie erklären, wie sich z. B. Ihr Gesamtergebnis errechnet, ob Sie bestanden haben und vieles mehr.

Starten wir also…

Die gestreckte Abschlussprüfung 1

Was ist das Besondere an einer gestreckten Abschlussprüfung?

Das Besondere gegenüber der „normalen" Abschlussprüfung ist, dass die gestreckte Abschlussprüfung in zwei Teilen durchgeführt wird – sie wird „*gestreckt*". Teil 1 der gestreckten Abschlussprüfung wird etwa zur Mitte des zweiten Ausbildungsjahres absolviert und Teil 2 am Ende der Ausbildung. Bei früheren Büroberufen gab es noch eine Zwischenprüfung, die jedoch bei der gestreckten Prüfung entfällt.

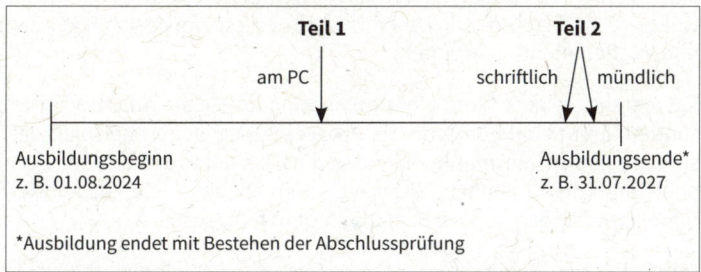

Für Sie als Prüfling bedeutet das, dass Sie von Anfang an richtig powern und keine Zeit vergeuden sollten: Nach ca. 18 Monaten absolvieren Sie Teil 1 der Prüfung, und dieses Ergebnis fließt bereits in Ihr Abschlusszeugnis ein.

1.2 Schriftliche Prüfungsbereiche

1.2.1 Teil 1 der gestreckten Prüfung: „Informationstechnisches Büromanagement"

Der Prüfungsbereich „Informationstechnisches Büromanagement" mit einer Dauer von 120 Minuten bildet Teil 1 der Prüfung. Dieser Prüfungsbereich gehört zu den schriftlich-praktischen Prüfungsbereichen, weil die Aufgaben computergestützt gelöst werden. Sie sollen darin nachweisen, dass Sie Büro- und Beschaffungsprozesse organisieren können und kundenorientiert arbeiten.

Sie merken, es geht hier nicht um einzelne losgelöste Arbeitsschritte, sondern immer um bürotypische **Prozesse**. Dazu gehört beispielsweise, dass Sie sich Informationen und Daten beschaffen und diese sichern oder importieren können, aber auch, Berechnungen durchzuführen, diese zu verarbeiten und z. B. in Diagrammen darzustellen.

Dazu zählt des Weiteren der sichere Umgang mit Kundendaten sowie die Tätigkeiten, die mit der Beschaffung von Büromaterial und externen Dienstleistungen zu tun haben. Um solche Vorgänge am PC bearbeiten zu können, braucht es eine Kombination
a) aus Fachwissen um die Büroprozesse und
b) die sichere Beherrschung der Textverarbeitungs- und Tabellenkalkulationsprogramme.

Im Teil 1 der Abschlussprüfung werden die Inhalte der ersten 15 Monate aus der Ausbildungsordnung geprüft. Bezüglich der Software gibt es verschiedene Möglichkeiten, über die Sie von Ihrer zuständigen Kammer mit dem Anmeldeverfahren informiert werden.

Gut zu wissen:

Die Kenntnisse und Fertigkeiten, die bereits im Teil 1 der Abschlussprüfung geprüft wurden, sollten im Teil 2 nicht nochmals geprüft werden. Hier sehe ich einen Vorteil, denn Sie können sich nach absolviertem Teil 1 voll und ganz auf den 2. Teil Ihrer Prüfung konzentrieren. Andererseits nochmals meine „Mahnung", schon während des 1. Ausbildungsjahres gezielt auf Teil 1 hinzuarbeiten.

Die gestreckte Abschlussprüfung

1.2.2 Teil 2 der gestreckten Prüfung: „Kundenbeziehungsprozesse" und „Wirtschafts- und Sozialkunde"

Im Teil 2 der Abschlussprüfung werden zwei Bereiche schriftlich geprüft: **„Kundenbeziehungsprozesse"** und **„Wirtschafts- und Sozialkunde"**. Ein weiterer Prüfungsbereich aus Teil 2, nämlich die Fachaufgabe in der Wahlqualifikation, wird mündlich geprüft und im Abschnitt 1.3 sowie in den Kapiteln 2 und 3 ausführlich besprochen.

Prüfungsbereich „Kundenbeziehungsprozesse"

Die Prüfung wird insgesamt 150 Minuten dauern. Die Aufgabenarten in diesem Prüfungsbereich werden in „ungebundene" und „gebundene" Aufgaben unterteilt.

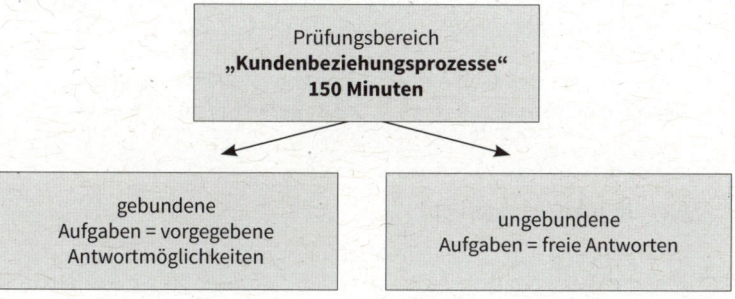

1 Die gestreckte Abschlussprüfung

Kennen Sie den Unterschied zwischen ungebundenen und gebundenen Aufgaben?

Bei den **ungebundenen** Aufgaben werden Stichpunkte oder Sätze als Lösung erwartet, die der Prüfling selbst formulieren muss.

Bei den **gebundenen** Aufgaben wählt der Prüfling aus mehreren Antwortvorschlägen die richtige(n) aus. Sie kennen wahrscheinlich eine Art der gebundenen Aufgaben: Multiple-Choice-Tests.

Zu den gebundenen Aufgaben zählen aber auch Reihenfolgeaufgaben (eine bestimmte Anzahl von Elementen oder Arbeitsschritten ist in eine Ordnung oder Reihenfolge zu bringen), Zuordnungsaufgaben (zwei Reihen von Elementen werden gegenübergestellt, die zueinander in Beziehung gesetzt werden müssen) oder Kurzantwort-Aufgaben (eine kurze Antwort wird in ein vorgegebenes Antwortschema eingetragen, z. B. ein Rechenergebnis oder Datum).

Da es bei gebundenen Aufgaben nur richtig oder falsch geben kann, können diese Aufgaben maschinell ausgewertet werden.

Worum geht es inhaltlich?

Im Prüfungsbereich „Kundenbeziehungsprozesse" sollen Sie nachweisen, dass Sie komplexe Aufträge von der Anfrage bis zur Reklamation selbstständig und kundenorientiert abwickeln können.

Ferner sollen Sie zeigen, dass Sie personalbezogene Aufgaben wahrnehmen können, z. B. die Personaleinsatzplanung unterstützen oder Reisekostenabrechnungen vorbereiten. Außerdem gehört die kaufmännische Steuerung in diesen Prüfungsbereich.

Das bedeutet, Sie werden in diesem Prüfungsbereich die für Ihren Beruf typischen **Geschäftsprozesse** bearbeiten. Das fachliche Niveau der Aufgaben im Teil 2 wird erheblich höher sein als im Teil 1, denn zu diesem Zeitpunkt haben Sie alle wichtigen kaufmännischen Ausbildungsinhalte erarbeitet.

Die gestreckte Abschlussprüfung 1

Prüfungsbereich „Wirtschafts- und Sozialkunde"

Dieser Prüfungsbereich gehört zu jeder Abschlussprüfung, egal, um welchen Beruf es sich handelt. Innerhalb von 60 Minuten sollen Sie durch die Beantwortung von Multiple-Choice-Fragen nachweisen, dass Sie allgemeine wirtschaftliche und gesellschaftliche Zusammenhänge der Berufs- und Arbeitswelt darstellen und beurteilen können. Es handelt sich hierbei um berufsübergreifende Kenntnisse, z. B. zum Arbeits- und Tarifrecht, zur Entgeltabrechnung, zum Gesundheits- und Arbeitsschutz, zum Berufsausbildungsvertrag und Ähnlichem.

Gut zu wissen:

Im Handel gibt es eine Vielzahl von Büchern zur Vorbereitung auf die schriftliche Prüfung. Ihre Wahlqualifikationen spielen in den schriftlichen Prüfungsbereichen keine Rolle, denn die Prüfungsaufgaben sind für alle Prüfungskandidaten des jeweiligen Termins identisch.

Für eilige Leser der Kurzüberblick:

Die Abschlussprüfung gliedert sich in zwei Teile. Teil 1 der Prüfung „Informationstechnisches Büromanagement" wird zur Mitte des zweiten Ausbildungsjahres am PC durchgeführt. Am Ende der Ausbildung werden schriftlich die Prüfungsbereiche „Kundenbeziehungsprozesse" und „Wirtschafts- und Sozialkunde" sowie mündlich der Prüfungsbereich „Fachaufgabe in der Wahlqualifikation" geprüft.

1 Die gestreckte Abschlussprüfung

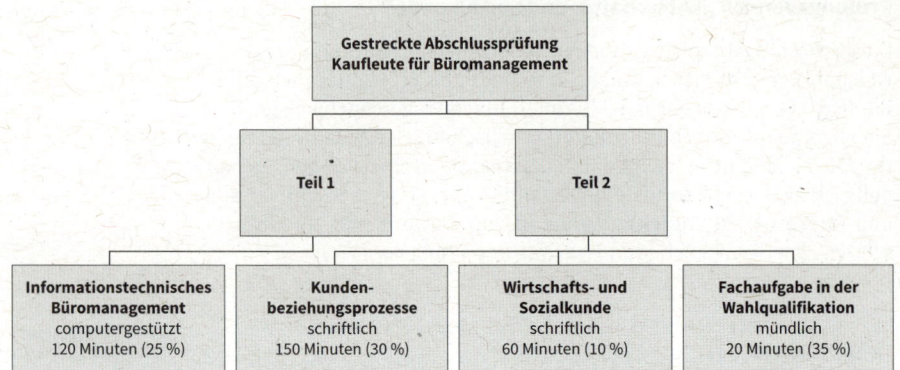

1.3 Zwei Wahlmöglichkeiten in der mündlichen Prüfung

1.3.1 Exkurs Wahlqualifikationen (WQ)

Bevor es zu den Wahlmöglichkeiten der mündlichen Prüfung geht, ein kurzer Exkurs zu den **Wahlqualifikationen**. Eine Ihrer beiden Wahlqualifikationen wird in Ihrem Prüfungsgespräch die entscheidende Rolle spielen. Welche der beiden das ist, erfahren Sie aber erst unmittelbar vor der mündlichen Prüfung.

Mit der Unterzeichnung Ihres Berufsausbildungsvertrages haben Sie erfahren, in welchen Wahlqualifikationen Sie ausgebildet werden. Diese Entscheidung hat Ihr Unternehmen getroffen und damit festgelegt, in welchen zwei Bereichen oder Abteilungen Sie besonders intensiv ausgebildet werden. Daneben gibt es berufliche Grundqualifikationen, die jedes Unternehmen dem Auszubildenden zu vermitteln hat.

Stellen Sie sich einmal vor, welche Unternehmen es in Ihrer Region gibt: Sicherlich viele kleine und mittlere Handwerksbetriebe, Dienstleistungsanbieter oder Industriebetriebe, vielleicht auch große, weltbekannte DAX-Unternehmen, aber auch Behörden und Ämter.

Die gestreckte Abschlussprüfung 1

Alle diese Unternehmen sollen nun diesen einen Büroberuf ausbilden. Gar nicht so einfach, oder? Durch die Wahlqualifikationen können betriebliche Besonderheiten stärker berücksichtigt werden, die ausbildenden Unternehmen können ihre künftigen Arbeitnehmer passgenauer ausbilden und flexibler auf Veränderungen reagieren.

Wahlqualifikationen
Zwei sind zu wählen, mit jeweils 5 Monaten Dauer (bei Regelausbildungszeit von 36 Monaten)

- Auftragssteuerung und -koordination
- Kaufmännische Steuerung und Kontrolle
- Kaufmännische Abläufe in kleinen und mittleren Unternehmen
- Einkauf und Logistik
- Personalwirtschaft
- Marketing und Vertrieb
- Assistenz und Sekretariat
- Öffentlichkeitsarbeit u. Veranstaltungsmanagement
- Verwaltung und Recht*
- Öffentliche Finanzwirtschaft*

*gilt nur für die Ausbildung im öffentlichen Dienst

1 Die gestreckte Abschlussprüfung

1.3.2 Die zwei Varianten in der mündlichen Prüfung

In der mündlichen Prüfung hat man die Wahl. Exakt formuliert muss es lauten: Ihr Ausbildungsunternehmen hat die Wahl. Der Ausbildungsbetrieb teilt der zuständigen Stelle mit der Prüfungsanmeldung mit, welche Prüfungsvariante gewählt wird.

Egal, welche Variante, immer wird der Prüfungsausschuss ein 20-minütiges fallbezogenes Fachgespräch mit Ihnen führen. **Ihre Leistung in diesem Fachgespräch wird bewertet.** Es gibt zwei sehr unterschiedliche Wege, die zum Fachgespräch führen:

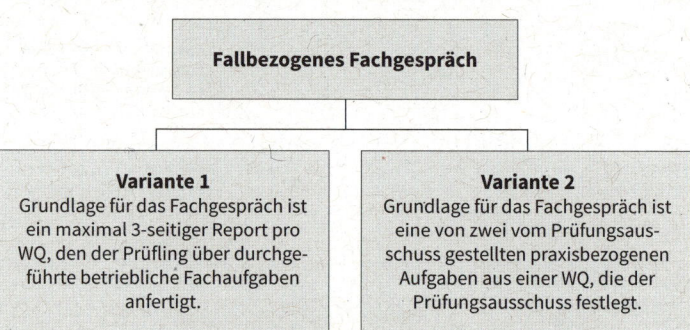

Wie bei vielen Entscheidungen gibt es Pro und Contra – einige Argumente werden jetzt aufgeführt. Bitte bilden Sie sich selbst eine Meinung bzw. finden Sie für sich weitere Pros und Contras.

Die gestreckte Abschlussprüfung 1

Pro Variante 1

das Thema wird von Betrieb und Azubi gewählt; Azubi weiß genau, welche zwei Fachaufgaben ihn erwarten

Kontra Variante 1

größerer Aufwand in der Vorbereitung; Reporte werden nicht bewertet; evtl. wird das Prüfungsgespräch stark in die Tiefe gehen, weil nur zwei Themen vorgegeben sind; Fehlentscheidung bei Wahl der Aufgaben möglich; Aufgabenauswahl evtl. eingeengt durch vertrauliche Betriebsinterna

Pro Variante 2

Erstellung des Reports entfällt; günstig, wenn kaum geeignete Fachaufgaben oder wenig Unterstützung vom Unternehmen

Kontra Variante 2

Vorbereitung bezieht sich komplett auf beide Wahlqualifikationen; größerer Überraschungseffekt in der mündlichen Prüfung

1 Die gestreckte Abschlussprüfung

Für eilige Leser der Kurzüberblick:

In der mündlichen Prüfung „Fachaufgabe in der Wahlqualifikation" wird das 20-minütige Fachgespräch bewertet. Es gibt zwei Wege zum Fachgespräch.

Der erste Weg lässt dem Prüfling die Möglichkeit, seine Fachaufgaben zu „bestimmen". In diesem Fall werden spätestens am ersten Tag von Teil 2 der schriftlichen Prüfung zwei Reporte eingereicht, die vom Prüfling selbstständig im Betrieb erstellt wurden. Einen von diesen jeweils maximal 3-seitigen Reporten wählt der Prüfungsausschuss für die mündliche Prüfung aus. Dieser Report und das Thema der gewählten Fachaufgabe stellen den Ausgangspunkt für das Fachgespräch dar. Am Prüfungstag ist keine weitere Vorbereitungszeit vorgesehen.

Bei der zweiten Variante erhält der Prüfungsteilnehmer am Tag der mündlichen Prüfung vom Prüfungsausschuss zwei praxisbezogene Fachaufgaben zur Auswahl. Diese Fachaufgaben beziehen sich auf eine der beiden Wahlqualifikationen und wurden vom Prüfungsausschuss erstellt. Der Prüfungsteilnehmer entscheidet sich für eine der beiden Aufgaben und nutzt eine Vorbereitungszeit von 20 Minuten.

In Kapitel 2 und 3 werden beide Varianten ausführlich besprochen, bilden sie doch den Schwerpunkt dieses Buches.

Die gestreckte Abschlussprüfung

1.4 Gewichtung der Prüfungsbereiche und Regelung zum Bestehen

1.4.1 Gewichtung der Prüfungsbereiche

Sie haben herausgearbeitet, dass zu Ihrer Abschlussprüfung insgesamt 4 Prüfungsbereiche gehören. Die Prüfungszeiten für die einzelnen Bereiche und die Bedeutung für Ihren künftigen Beruf sind jedoch nicht identisch. Aus diesen Gründen werden die einzelnen Prüfungsbereiche unterschiedlich gewichtet. Die Gewichtung beschreibt, mit wie viel Prozent das Ergebnis des jeweiligen Prüfungsbereiches in das Gesamtergebnis einfließt.

Folgende Gewichtung schreibt die Verordnung vor:

Prüfungsbereich	Gewichtung	Erreichte Punktzahl *(Beispiel)*	Punktzahl nach Gewichtung *(Beispiel)*
Informationstechnisches Büromanagement	25 %	68 Punkte	17,0 Punkte
Kundenbeziehungsprozesse	30 %	45 Punkte	13,5 Punkte
Fachaufgabe in der Wahlqualifikation	35 %	84 Punkte	29,4 Punkte
Wirtschafts- und Sozialkunde	10 %	78 Punkte	7,8 Punkte
			Gesamtergebnis: 67,7 Punkte

1.4.2 Bestehensregelung

Wann habe ich die Prüfung bestanden?

Das Ziel einer Prüfung ist es – etwas salopp gesagt – herauszufinden, ob ein Prüfungsteilnehmer fit für den Beruf und den Arbeitsmarkt ist. Es wird festgestellt, ob er alle nötigen beruflichen Fähigkeiten, Kenntnisse und Fertigkeiten besitzt. Die bestandene Prüfung und in der Folge das Zeugnis sind der Türöffner zum Arbeitsmarkt. Demzufolge gibt es Voraussetzungen, die erfüllt sein müssen, um die Prüfung bestehen zu können.

Die Abschlussprüfung haben Sie bestanden, wenn Sie

- im Gesamtergebnis von Teil 1 und Teil 2 mindestens 50 Punkte erzielt haben
- in Teil 2 mindestens 50 Punkte erreicht haben
- in mindestens 2 Prüfungsbereichen von Teil 2 mindestens 50 Punkte erreicht haben
- in keinem Prüfungsbereich von Teil 2 unter 30 Punkte erzielt haben.

Sobald ein Kriterium nicht erfüllt wurde, gilt die Prüfung als „nicht bestanden" (siehe auch mündliche Ergänzungsprüfung). Wäre in unserem Beispiel die Prüfung bestanden? Prüfen Sie alle Kriterien und entscheiden Sie.

> **Tipp:**
> Mit dem **u-form Prüfungsrechner** schnell die benötigte Punktzahl für die mündliche Prüfung ermitteln:
>
>  *www.pruefungsrechner.de*

Die gestreckte Abschlussprüfung 1

> In unserem Beispiel wäre die Prüfung bestanden, weil alle 4 Kriterien erfüllt wurden.

Zur Vollständigkeit und zum besseren Verständnis der Notenschlüssel, der für IHK-Prüfungen genutzt wird.

eine den Anforderungen im besonderen Maße entsprechende Leistung	100 - 92 Punkte	= Note 1 = sehr gut
eine den Anforderungen voll entsprechende Leistung	unter 92 - 81 Punkte	= Note 2 = gut
eine den Anforderungen im allgemeinen entsprechende Leistung	unter 81 - 67 Punkte	= Note 3 = befriedigend
eine Leistung, die zwar Mängel aufweist, aber im ganzen den Anforderungen noch entspricht	unter 67 - 50 Punkte	= Note 4 = ausreichend
eine Leistung, die den Anforderungen nicht entspricht, jedoch erkennen lässt, dass die notwendigen Grundkenntnisse vorhanden sind	unter 50 - 30 Punkte	= Note 5 = mangelhaft
eine Leistung, die den Anforderungen nicht entspricht und bei der selbst die Grundkenntnisse lückenhaft sind	unter 30 - 0 Punkte	= Note 6 = ungenügend

1 Die gestreckte Abschlussprüfung

Gut zu wissen:

Anhand der Gewichtung erkennen Sie, wie bedeutend die „Fachaufgabe in der Wahlqualifikation" ist. Sie ist von der Gewichtung her gleichbedeutend mit den Bereichen „Informationstechnisches Büromanagement" plus „Wirtschafts- und Sozialkunde". Lassen Sie sich also nicht die Chance entgehen, in der mündlichen Prüfung möglichst viele Punkte herauszuholen. Sie haben es in der Hand.

1.4.3 Mündliche Ergänzungsprüfung

Bei bestimmten Prüfungsergebnissen kann die mündliche Ergänzungsprüfung ein echter Rettungsring für den Prüfungsteilnehmer sein. Sie dauert ca. 15 Minuten und ist ausgerichtet auf die Fachkenntnisse im Prüfungsbereich. Allerdings beziehen sich mündliche Ergänzungsprüfungen nur auf die Prüfungsbereiche „Kundenbeziehungsprozesse" oder „Wirtschafts- und Sozialkunde" und sind recht selten. Es wird nie eine Ergänzungsprüfung zu Teil 1 „Informationstechnisches Büromanagement" oder zur „Fachaufgabe im Einsatzgebiet" geben.

Die mündliche Ergänzungsprüfung in den Prüfungsbereichen „Kundenbeziehungsprozesse" oder „Wirtschafts- und Sozialkunde" wird nur durchgeführt, wenn

1. der Prüfungsbereich mit weniger als 50 Punkten bewertet wurde **und**
2. die mündliche Ergänzungsprüfung für das Bestehen den Ausschlag geben kann **und**
3. der Prüfungsteilnehmer die Ergänzungsprüfung beantragt.

Im Umkehrschluss bedeutet dies, dass die Ergänzungsprüfung nicht durchgeführt wird, wenn der Prüfling diese ablehnt oder wenn rein rechnerisch ein Bestehen gar nicht mehr möglich ist (wenn z. B. in der Ergänzungsprüfung mehr als 100 Punkte erreicht werden müssten, was unmöglich ist). Außerdem darf sie nur in einem der beiden genannten Prüfungsbereiche durchgeführt werden. Das gilt auch, wenn in **beiden** Bereichen eine mangelhafte Leistung (Note 5) erzielt wurde. Die Ergänzungsprüfung wird nicht durchgeführt mit dem Ziel, sich in einzelnen Prüfungsbereichen einfach nur zu verbessern, sondern es muss immer so sein, dass der Prüfungsteilnehmer ohne die Ergänzungsprüfung durchfallen würde.

Der Vollständigkeit halber sei noch gesagt, dass es mit Datum 16. Juni 2014 eine kleine Änderung zur Formulierung der mündlichen Ergänzungsprüfung in der Erprobungsverordnung gab, die hier berücksichtigt wurde (vgl. BGBl, Teil 1 Nr. 27, S.791).

Die gestreckte Abschlussprüfung 1

Angenommen, ein Auszubildender hätte folgende Prüfungsergebnisse erzielt:

Prüfungsbereich	Gewichtung	Erreichte Punktzahl *(Beispiel)*	Punktezahl nach Gewichtung *(Beispiel)*
Informationstechnisches Büromanagement	25 %	49 Punkte	12,25 Punkte
Kundenbeziehungsprozesse	30 %	45 Punkte	13,5 Punkte
Fachaufgabe in der Wahlqualifikation	35 %	50 Punkte	17,5 Punkte
Wirtschafts- und Sozialkunde	10 %	50 Punkte	5,0 Punkte
			Gesamtergebnis: 48,25 Punkte

Hätte der Auszubildende mit diesem Ergebnis die Prüfung bestanden?

Nein, denn sowohl das Gesamtergebnis von Teil 1 und Teil 2 als auch das Ergebnis von Teil 2 sind nicht mindestens „ausreichend". Was passiert in diesem Fall? Weil ein Bestehen durch eine mündliche Ergänzungsprüfung noch möglich wäre, beantragt der Prüfling diese im Bereich „Kundenbeziehungsprozesse".

Er erzielt in der mündlichen Ergänzungsprüfung ein Ergebnis von 72 Punkten, denn diesmal hat er richtig gepaukt. Da die mündliche Ergänzungsprüfung nur 15 Minuten dauert und die schriftliche Prüfung in diesem Prüfungsbereich mit 150 Minuten ein viel stärkeres Gewicht hat, zählt das Ergebnis der schriftlichen Prüfung generell doppelt und das Ergebnis der mündlichen Ergänzungsprüfung generell einfach:

Kundenbeziehungsprozesse, Schriftlich, 150 Minuten	Kundenbeziehungsprozesse, Mündliche Ergänzungsprüfung, 15 Minuten	Gesamtergebnis Kundenbeziehungsprozesse 162 : 3 = 54
45 Punkte x 2 = 90 Punkte	72 x 1 = 72 Punkte	54 Punkte

1 Die gestreckte Abschlussprüfung

Aufgrund der mündlichen Ergänzungsprüfung im Bereich „Kundenbeziehungsprozesse" ergibt sich jetzt folgende neue Punktzahl:

Prüfungsbereich	Gewichtung	Erreichte Punktzahl (Beispiel)	Punktezahl nach Gewichtung + Ergänzungsprüfung
Informationstechnisches Büromanagement	25 %	49 Punkte	12,25 Punkte
Kundenbeziehungsprozesse	30 %	54 Punkte nach Ergänzungsprüfung	16,2 Punkte
Fachaufgabe in der Wahlqualifikation	35 %	50 Punkte	17,5 Punkte
Wirtschafts- und Sozialkunde	10 %	50 Punkte	5,0 Punkte
			Gesamtergebnis: 50,95 Punkte

Fazit: Es ist knapp geworden, aber die Prüfung wurde bestanden!

Wenn Sie nach dem Erhalt Ihrer Ergebnisse der schriftlichen Prüfung unsicher sind, ob eine mündliche Ergänzungsprüfung für Sie in Frage kommen kann, lassen Sie sich von Ihrer zuständigen Prüfungssachbearbeiterin der zuständigen Stelle beraten.

So, nun Schluss mit dem Thema mündliche Ergänzungsprüfung. Ich gehe davon aus, dass Sie sicher bestehen und diesen Rettungsring nicht benötigen werden. Vielleicht streben Sie sogar eine Zusatzqualifikation an? Diese Möglichkeit werde ich Ihnen im nächsten Abschnitt vorstellen.

1.5 Zusatzqualifikation

Die Struktur Ihres Ausbildungsberufes mit den Wahlqualifikationen haben Sie sich bereits erarbeitet. Zusätzlich zu den im Ausbildungsvertrag festgelegten Wahlqualifikationen kann in einer 3. Wahlqualifikation ausgebildet und geprüft werden.

Die gestreckte Abschlussprüfung 1

Der Anmeldezeitpunkt sowie die Organisation der Prüfung entsprechen dem Prozedere der Fachaufgabe in der Wahlqualifikation. Auch der Prüfungszeitpunkt der Zusatzqualifikation wird in zeitlicher Nähe zur mündlichen Prüfung sein.

Zum Anmeldezeitpunkt der Abschlussprüfung Teil 2 können Betrieb und Auszubildender die Prüfung in der Zusatzqualifikation beantragen. Mit dem Antrag versichern beide Seiten, dass die Ausbildungsinhalte tatsächlich vermittelt wurden.

Bei erfolgreicher Prüfung (mindestens 50 Punkte) wird die Zusatzqualifikation von der zuständigen Stelle bescheinigt. In das Gesamtergebnis der Abschlussprüfung fließt das Resultat der Zusatzqualifikation nicht ein.

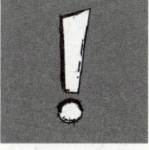

Gut zu wissen:

Bei der Entscheidung zur Zusatzqualifikation sollte bedacht werden, dass

- die Ausbildungsinhalte aus der Wahlqualifikation zusätzlich zu den regulären Ausbildungsinhalten vermittelt werden müssen (Änderung des Ausbildungsplanes) und
- der Auszubildende sich auf zwei mündliche Prüfungen vorbereiten und diese absolvieren muss.

Nicht vergessen werden sollte außerdem, dass das fallbezogene Fachgespräch mit 35 %, der stärksten Gewichtung überhaupt, in das Gesamtergebnis eingeht. Trotz Zusatzqualifikation darf also die Vorbereitung auf die mündliche Prüfung nicht zu kurz kommen.

Aus meiner Sicht ist dieses „Schmankerl" der Zusatzqualifikation ein guter Anreiz für leistungswillige und besonders leistungsstarke Auszubildende. Und Sie – wollen Sie die Zusatzqualifikation erlangen? Wenn ja, dann sprechen Sie Ihr ausbildendes Unternehmen rechtzeitig an. Damit der Ausbildungsplan aktualisiert werden kann, sollte spätestens nach Teil 1 der Prüfung diese Entscheidung getroffen werden.

Ihre Notizen

Wahlmöglichkeit 1 der mündlichen Prüfung

2 Wahlmöglichkeit 1 der mündlichen Prüfung: Betriebliche Fachaufgabe mit Report und fallbezogenem Fachgespräch

Nach den allgemeinen Informationen zur gestreckten Abschlussprüfung nehmen wir im Kapitel 2 und 3 die mündliche Prüfung ins Visier. Im aktuellen Kapitel dreht sich alles um die Wahlmöglichkeit 1 der mündlichen Prüfung: die betriebliche Fachaufgabe mit Report und fallbezogenem Fachgespräch.

Hier befinden wir uns:

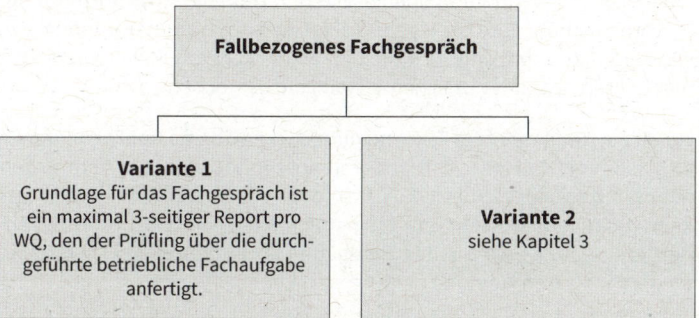

Folgende Ziele werden im 2. Kapitel angepeilt:

- Sie können sich eine eigene Meinung über die Variante 1 der mündlichen Prüfung bilden und diese für sich bewerten.
- Sie haben Ideen für geeignete betriebliche Fachaufgaben aus Ihrem Unternehmen, die Sie Ihrem Ausbilder unterbreiten.
- Sie schreiben aussagekräftige und strukturierte Reporte im Bewusstsein, dass der vom Prüfungsausschuss gewählte Report ein wichtiger Baustein für das Prüfungsgespräch sein wird (auch wenn er nicht bewertet wird).
- Sie holen sich Feedback vom Ausbilder und weiteren Fachleuten zu den Themen der Fachaufgabe und zu den Reporten.
- Sie sind vertraut mit dem üblichen Ablauf der mündlichen Prüfung.
- Sie formulieren und üben Ihren Einstieg in das Prüfungsgespräch.
- Sie leuchten die Themen Ihrer Fachaufgaben gründlich aus und bereiten sich auf Fragen dazu vor.
- Sie leiten die Ziele sowie die Terminplanung für Ihre Prüfungsvorbereitung ab.
- Sie fühlen sich durch Ihre fachliche und mentale Vorbereitung gestärkt.

2 Wahlmöglichkeit 1 der mündlichen Prüfung

2.1 Wie und wann finde ich das passende Thema für die betriebliche Fachaufgabe?

Der Ausbildungsbetrieb teilt der zuständigen Stelle mit der Anmeldung zur Abschlussprüfung Teil 2 mit, welche Variante der mündlichen Prüfung gewählt wird. Ob Sie in diese Entscheidung einbezogen werden, kann der Betrieb entscheiden.

Bei der *Themenwahl* für die betriebliche Fachaufgabe sollte jedoch eine gemeinsame Abstimmung zwischen Ihnen und Ihrem Ausbilder erfolgen. Schließlich müssen Sie ja die Aufgabe lösen.

Ideal wäre es, wenn Ihr Ausbilder erkennt, dass Sie sich frühzeitig Gedanken machen, dass Sie eigene Vorschläge unterbreiten – und im Gegenzug auch offen sind für kritische Anmerkungen. Scheuen Sie sich nicht, Ihren Ausbilder zur Themenwahl anzusprechen.

Holen Sie ruhig mehrere Rückmeldungen zum Thema der Fachaufgabe ein, z. B. von Kollegen, von anderen Auszubildenden aus dem Unternehmen oder der Berufsschulklasse oder vom Berufsschullehrer. Das kann nicht verkehrt sein, um die richtige Entscheidung zu treffen. Außerdem signalisieren Sie den Beteiligten Ihr Interesse am Thema und an der fachlichen Meinung der angesprochenen Person.

Gut zu wissen:

Zahlreiche Fachaufgaben und Reporte kursieren im Internet. Aber Achtung: Im Rahmen des Prüfungsverfahrens müssen Sie der zuständigen Stelle bestätigen, dass Sie die Fachaufgaben eigenständig im Betrieb durchgeführt haben – anderenfalls wäre es ein Betrugsversuch. Selbstverständlich kann sich jeder im Netz informieren, allerdings wirklich nur informieren und dabei kritisch lesen. Die Informationen müssen nicht unbedingt richtig und hilfreich sein.

Wahlmöglichkeit 1 der mündlichen Prüfung

2.1.1 Wann fange ich mit der Suche nach Themenvorschlägen an?

Bei einem regulären 3-jährigen Ausbildungsverhältnis sollten Sie sich mit Beginn des 3. Ausbildungsjahres, also mit dem Einsatz in der 1. Wahlqualifikation, mit dem Thema der mündlichen Prüfung beschäftigen.

Damit beschäftigen heißt für mich, die Prüfungsvarianten sehr gut unterscheiden zu können, Augen und Ohren offen zu halten nach einem möglichen Thema, sich mit Kollegen und anderen Auszubildenden auszutauschen und Themenvorschläge zu sammeln.

Sicherlich spricht auch nichts dagegen, sich mit den Prüfungsvarianten und dem Ablauf der Prüfung schon eher auseinanderzusetzen - die eigentlichen Arbeiten führen Sie jedoch erst aus, wenn Sie tatsächlich in der Wahlqualifikation ausgebildet werden.

Falls Ihre Ausbildung aufgrund einer Verkürzung oder aus anderen Gründen vom typischen Ablauf abweicht, gilt als Orientierungspunkt ebenfalls der Start in der 1. Wahlqualifikation.

Der Termin der Anmeldung zur Abschlussprüfung Teil 2 spielt ebenso eine wichtige Rolle bei der Planung. Bereits zu diesem Zeitpunkt muss Ihr Ausbildungsunternehmen im Anmeldeformular angeben, welche Variante gewählt wurde.

Es geht hierbei noch nicht um die Themenwahl, sondern lediglich um die Entscheidung zur Prüfungsvariante 1 oder 2. Demzufolge wird diese Wahl ca. 4 – 6 Monate vor der mündlichen Prüfung schriftlich fixiert. Dann gibt es keine Änderungsmöglichkeit mehr.

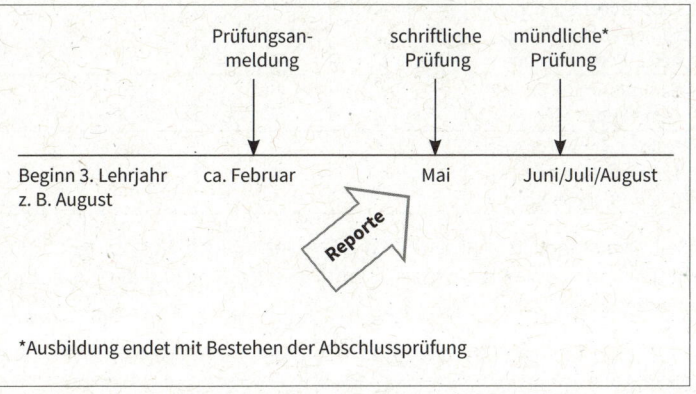

*Ausbildung endet mit Bestehen der Abschlussprüfung

2 Wahlmöglichkeit 1 der mündlichen Prüfung

Hinzu kommt ein weiterer Termin, falls Sie sich für die Variante 1 entscheiden, und zwar die **Abgabe der Reporte** spätestens am 1. Tag der schriftlichen Prüfung.

Die **heiße Phase der Prüfungsvorbereitung** beginnt mit dem letzten Halbjahr Ihrer Ausbildung. Neben der Vorbereitung auf die schriftliche Prüfung Teil 2 müssen Sie sich auch der mündlichen Prüfung, ggf. auch der Zusatzqualifikation, widmen. Diesen Zeitraum sollten Sie gut planen, besonders wenn Sie nach Variante 1 geprüft werden.

Hilfe, die Zeit rennt mir weg? Nein, dazu wird es nicht kommen, denn gut geplant ist halb gewonnen. Hier finden Sie eine Anregung für eine

Checkliste bei Prüfungsvariante 1:

Was?	Bis wann?	Feedback einholen von	Erledigungsvermerk
Entscheidung Zusatzqualifikation			
Themenvorschläge für betriebliche Fachaufgaben			
Report 1 schreiben			
Report 2 schreiben			
Überarbeitung + Kontrolle Reporte			
Abgabe Reporte bei IHK			
Sammlung von Fragen zum Report 1 (siehe 2.3.3)			
Fallbezogenes Fachgespräch auf Grundlage des 1. Reportes üben			
Sammlung von Fragen zum Report 2			
Fallbezogenes Fachgespräch auf Grundlage des 2. Reportes üben			

Selbstverständlich könnten Sie die Checkliste auch chronologisch aufbauen und um die Planung der schriftlichen Prüfung und der Zusatzqualifikation ergänzen.

Wahlmöglichkeit 1 der mündlichen Prüfung

Nun zu der brennenden Frage:

2.1.2 Welche Themen und Aufträge eignen sich zur betrieblichen Fachaufgabe?

Erfahrungsgemäß ist es gar nicht so einfach, aus den vielen verschiedenen beruflichen Aufgaben die zwei wirklich passenden für die Prüfung herauszufinden. Woher sollen Sie auch wissen, ob die Aufgaben zu leicht oder zu schwer sind, geeignet oder ungeeignet?

Falls Ihnen die Aufgaben und Themen nicht sofort „zufallen", ist das kein Grund zur Aufregung, denn das geht vielen Prüfungsteilnehmern so. Oftmals benötigt man ein paar Beispiele und Anregungen von anderen, um kreativ zu werden. Nutzen Sie verschiedene Beispiele als Sprungbrett für eigene Ideen. Die Argumente für oder gegen die Themen sollten gründlich und in aller Ruhe abgewogen werden. Denken Sie daran: In dieser Phase können Sie bereits die Segel setzen und Ihre Prüfung in die richtige Richtung lenken.

Die folgenden Ausführungen werden Ihnen Klarheit bringen. Schauen wir zuerst, welche Anforderungen an die Fachaufgabe und das Fachgespräch laut Verordnung gestellt werden.

1. Sie müssen die betriebliche Fachaufgabe eigenständig in Ihrem Ausbildungsunternehmen ausgeführt haben.

Eigenständig ist so zu verstehen, dass Sie selbst diese Aufgabe erledigt haben. Das Ergebnis der Aufgabe ist Ihre eigene Leistung, auf gar keinen Fall die Leistung eines anderen. Überlegen Sie also, welche Aufgaben zu Ihrem Tätigkeitsfeld in der Wahlqualifikation gehören und welche Aufgaben Sie eigenständig erledigt haben.

Die Prüfung bereiten Sie während des normalen Betriebsablaufs vor. Sie arbeiten an einer konkreten Aufgabe und schreiben darüber den Report. Damit ist Ihre Prüfung reale Arbeit – sicherlich ein Vorzug dieser Variante.

Sie verhalten sich bei der Erledigung Ihres Arbeitsauftrages nicht wie in einer Prüfung, z. B. in einer schriftlichen Prüfung mit einer Aufsichtsperson und einer genau vorgegebenen Zeit, sondern haben Ihr Arbeitsteam um sich herum.

Selbstverständlich können Sie sich Feedback und Meinungen zum Auftrag und zum Report einholen, so wie Sie es auch bei Ihren anderen Arbeitsaufgaben machen. Ausschlaggebend ist, dass es letzten Endes Ihre Leistungen sind, die zur Erledigung der Fachaufgabe geführt haben, und dass Sie der Verfasser des Reports sind.

2 Wahlmöglichkeit 1 der mündlichen Prüfung

Neben der Eigenständigkeit ist aus betrieblicher Sicht ein weiterer sehr wichtiger Aspekt zu nennen: **Dienstgeheimnisse und Datenschutz**. Aus diesem Grund klären Sie bitte folgende Fragen mit Ihrem Ausbilder:

Darf ich die Daten aus meinem Arbeitsbereich für den Report und für das Prüfungsgespräch verwenden? Scheidet das Thema aus Datenschutzgründen von vornherein für mich aus?

Die weiteren Anforderungen sind wörtlich der Ausbildungsordnung („Verordnung über die Erprobung abweichender Ausbildungs- und Prüfungsbestimmungen in der Büromanagementkaufleute-Ausbildungsverordnung vom 11. Dezember 2013", § 4 (5) entnommen und werden anschließend erläutert.

2. „...der Prüfling soll nachweisen, dass er in der Lage ist, berufstypische Aufgaben zu erfassen, Probleme und Vorgehensweisen zu erörtern sowie Lösungswege zu entwickeln, zu begründen und zu reflektieren..."

Es ist sinnvoll, eine betriebliche Aufgabe zu finden, die **nicht zu einfach** ist, denn der Prüfungsausschuss möchte ja mit Ihnen 20 Minuten lang über dieses Thema fachsimpeln.

Also wäre eine Aufgabe, die Sie am Beginn der Ausbildung ohne spezielle Fachkenntnisse und ohne den Überblick über betriebliche oder rechtliche Zusammenhänge erledigen konnten, bestimmt nicht die geeignete. Es macht aber auch keinen Sinn, eine Aufgabe zu wählen, die Sie stark überfordert.

Ihre Aufgabe sollte **problemhaltig** sein. Was heißt das? Sie sollten bei Ihrer Aufgabe und im späteren Fachgespräch Ideen und Wege zur Lösung aufzeigen können und Ihr Fachwissen beweisen können. Das wird schwierig, wenn die Aufgabe z. B. nur eine einzige Möglichkeit der Lösung oder Bearbeitung zulässt.

Wenn der betriebliche Vorgang stark standardisiert ist und Sie keinerlei Handlungsfreiraum haben, können Sie nicht zeigen, dass Sie gedanklich verschiedene Lösungswege durchgegangen sind. Es ist im Übrigen nicht so, dass Sie diese Aufgabe nur ein einziges Mal ausgeführt haben dürfen, wie es z. B. bei einem Projekt der Fall wäre.

Wahlmöglichkeit 1 der mündlichen Prüfung

Alternativ könnten Sie mit einer Aufgabe auch zeigen, dass Sie die **Sachbearbeitung** in Ihrem Arbeitsbereich sehr gut beherrschen. Falls Sie sich für einen standardisierten Vorgang entscheiden, überlegen Sie bitte, welche anderen Möglichkeiten der Lösung es gäbe. Schauen Sie über den Tellerrand hinaus. Was die Prüfer nämlich nicht als Begründung für eine Vorgehensweise hören möchten, ist der folgende Satz: „Das mache ich so, weil es genauso in unserem Ablaufplan steht".

Ein Prüfling sollte zeigen, dass er verstanden hat, warum gerade dies die gewählte Vorgehensweise im Unternehmen ist, welche Vor- und ggf. Nachteile diese Vorgehensweise hat. Es ist immer gut, die Prüfer davon zu überzeugen, dass Sie – auch bei betrieblichen Organisationsanweisungen – mitdenken.

Bei der Wahl Ihrer Aufgabe können die folgenden Fragen Sie unterstützen:

Überlegung	Trifft zu ☺	Trifft nicht zu ☹	Meine Anmerkungen
Stellte die Aufgabe für mich eine Herausforderung dar?			
Habe ich mir die Lösung dieser Aufgabe zugetraut?			
Setzt sich die Aufgabe aus verschiedenen Teilaufgaben bzw. Arbeitsschritten zusammen?			
Entspricht die Aufgabe den Inhalten meiner Wahlqualifikation?			
Bin ich mit Freude und Engagement an die Lösung der Aufgabe herangegangen? (Eine Aufgabe, die man überhaupt nicht gern gelöst hat, wird man auch nicht besonders gut im Prüfungsgespräch „verkaufen".)			

2   Wahlmöglichkeit 1 der mündlichen Prüfung

Überlegung	Trifft zu 😊	Trifft nicht zu ☹	Meine Anmerkungen
Gehört die Aufgabe zu meinem Stärkenbereich?			
Ist die Aufgabe für die Prüfer, die ja die Betriebsinterna nicht kennen, nachvollziehbar?			
Oder: Kann ich mit der Aufgabe zeigen, dass ich die Sachbearbeitung in diesem Gebiet beherrsche? (In diesem Fall unbedingt vorangegangene Anmerkungen beachten.)			

Achtung, wenn Sie diese Fragen mit „Ja" beantworten können:

- War es eine Routineaufgabe, die ich zügig und ohne Schwierigkeiten erledigen konnte?
- War ich mit der Lösung der Aufgabe überfordert? Hat sie mich total gestresst?
- Habe ich die Aufgabe nur gewählt, weil sie einfach und überschaubar ist?
- Habe ich die Aufgabe gewählt, weil andere Azubis aus dem Unternehmen diese auch gewählt haben?
- Wurde mir die Aufgabe vom Ausbilder „aufgedrückt"?
- Habe ich die Aufgabe mit Widerwillen oder Unlust bewerkstelligt?

Wahlmöglichkeit 1 der mündlichen Prüfung

3. „…der Prüfling soll nachweisen, dass er in der Lage ist, kunden- und serviceorientiert zu handeln…"

Neben den quantitativen Unternehmenszielen, wie beispielsweise Umsatz oder Gewinn, stellt sich jedes Unternehmen auch qualitative Ziele. Das können z. B. Kunden- oder Mitarbeiterzufriedenheit, Senkung der Fluktuation und Ähnliches sein. Ihre berufliche Tätigkeit dient auch diesem Zweck.

Wie können Sie nun in Ihrer Fachaufgabe Kunden- oder Serviceorientierung zeigen? Sie brauchen sicherlich nicht lange zu überlegen, wenn Sie direkten Kontakt mit Kunden haben.

Wenn Sie beispielsweise ein Angebot für einen Kunden entwickeln, gehört zur Kunden- und Serviceorientierung, dass Sie vorhandene Informationen über Kunden nutzen, weitere Informationen und Wünsche erfragen, also die Situation genau analysieren und die individuelle Lösung für Ihren Kunden entwickeln. Also könnte eine Überlegung lauten: Welchen Nutzen oder Vorteil hat der Kunde von meinem Arbeitsergebnis?

Arbeiten Sie aber im Controlling und haben gar keinen Kontakt mit Kunden oder Schnittstellen zu Kollegen außerhalb der Abteilung, sondern ermitteln hauptsächlich Kennzahlen für Ihren Abteilungsleiter – ist dann kunden- und serviceorientiertes Arbeiten nachweisbar? Ja – einem Kaufmann muss diese Arbeitsweise einfach ins Blut übergehen. Sie könnten darstellen, wie Sie die Zahlen für den Abteilungsleiter aufbereiten, wie Sie diese Zahlen kommunizieren usw. – denn das ist auch eine Serviceleistung, in diesem Falle für Ihren Vorgesetzten.

2 Wahlmöglichkeit 1 der mündlichen Prüfung

4. „…der Prüfling soll nachweisen, dass er in der Lage ist, betriebspraktische Aufgaben unter Berücksichtigung wirtschaftlicher, ökologischer und rechtlicher Zusammenhänge zu planen, durchzuführen und auszuwerten…"

Mit dieser Anforderung soll erkannt werden, ob Sie Ihre Fachkenntnisse auch wirklich anwenden können, ob Sie Ihre Arbeit sinnvoll planen und nach der Ausführung Rückschlüsse aus den Ergebnissen ziehen können.

Richtiges Arbeiten beginnt im Kopf. Mit der **Planung** Ihrer Arbeit sollen Sie zeigen, dass Sie ein Bild vom Ergebnis oder Ziel haben. Sie sollen formulieren, wie Sie Arbeitsschritte erfolgreich durchführen. Selbstverständlich kann die ursprüngliche Planung in der **Durchführungsphase** bei Bedarf situationsgerecht angepasst werden, wenn z. B. unvorhergesehene Ereignisse eintreten. Am Ende einer Aufgabe steht immer die **Auswertung**, ob und wie die Ziele erreicht wurden und welche Schlussfolgerungen für die Zukunft – aus persönlicher und betrieblicher Sicht – gezogen werden können.

Es geht es um Ihre Arbeitsweise und -methodik, darum, dass Sie sich selbst organisieren und steuern können. Die Abbildung „Phasen einer vollständigen Handlung" soll dies verdeutlichen. Hier sehen Sie wichtige Fähigkeiten, um ins Berufsleben starten zu können und auch langfristig erfolgreich zu bleiben.

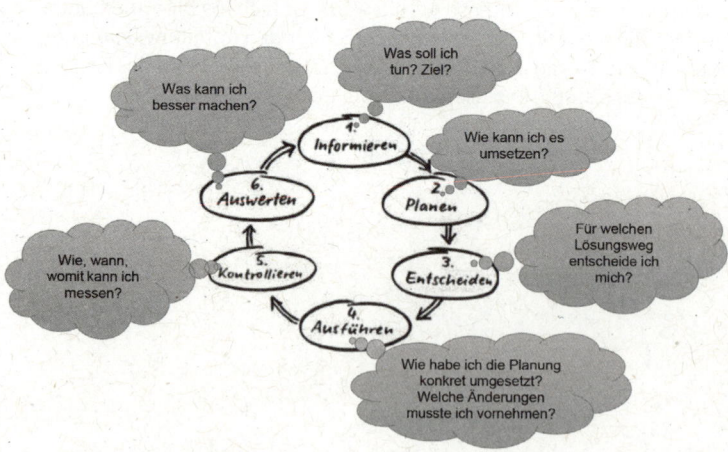

Wahlmöglichkeit 1 der mündlichen Prüfung

Jedoch geht es nicht ausschließlich um diese Fähigkeiten, denn wir können sie nicht losgelöst vom Fachwissen betrachten. Das berufliche Fachwissen ist die Voraussetzung dafür, es muss fest in Ihnen verankert sein. Aus diesem Grund wird das kaufmännische Denken ebenso verlangt wie die rechtlichen Kenntnisse im Zusammenhang mit der Fachaufgabe. Da sich das Wissen in vielen Bereichen rasant verändert, wird es auch eine Rolle spielen, wie Sie Ihr Wissen auf dem neuesten Stand halten und sich neue Erkenntnisse aneignen.

Rechtliche Aspekte

Aus den möglichen Lösungen und Herangehensweisen sollen Sie sich für die aus Ihrer Sicht Beste entscheiden. Ganz wichtig: diese sollen Sie begründen. Um eine folgerichtige Entscheidung treffen zu können, müssen Sie in jedem Fall die gesetzlichen Grundlagen und betrieblichen Rahmenbedingungen beachten. Genau das möchten die Prüfer bei Ihrer Fachaufgabe erkennen. Es geht um Gesetze und Vorschriften, die im Zusammenhang mit der Fachaufgabe stehen. Prüfen Sie also, welche rechtlichen und betrieblichen Grundlagen bei Ihrer Aufgabe zu beachten und einzuhalten sind.

Ökologie / Umwelt

Ebenfalls erwähnt wird der ökologische Aspekt. Überlegen Sie, welche Anknüpfungspunkte es bei Ihrer Fachaufgabe dazu gibt. Verbindungen gäbe es z. B. bei der Lieferantenauswahl, bei den Transportmitteln und Beschaffungswegen, bei der Langlebigkeit der Produkte, bei den Absatzwegen usw. Bestimmt finden Sie zahlreiche betriebliche Beispiele für einen schonenden Umgang mit Ressourcen und für den Umweltschutz. Denken Sie ferner an die „Kleinigkeiten", mit denen wir in unserem Arbeitsverhalten einen ökologischen Fußabdruck hinterlassen können – Einsparung von Papier, Vermeidung von Fehlausdrucken, Digitalisierung, Einsatz von umweltfreundlichen Arbeitsmitteln, stromsparendes Arbeiten, Anreise zur Arbeit mittels Jobticket usw. Sie sehen, es kann die große betriebliche Strategie sein, aber genauso gut können auch viele kleinere Maßnahmen auf ein Umweltbewusstsein schließen lassen.

2 Wahlmöglichkeit 1 der mündlichen Prüfung

Ökonomie / Wirtschaftlichkeit

Von künftigen Kaufleuten wird kaufmännisches Denken erwartet. Sie sollen mit der Fachaufgabe zeigen, dass Sie das Verhältnis von Aufwand zu Ertrag bei der Entscheidung zur Vorgehensweise berücksichtigt haben. Überlegen Sie, an welchen Beispielen oder bei welchen Arbeitsschritten Ihrer Fachaufgabe Sie zeigen können, dass Sie die Kosten und den Ertrag beachten. Es sollte erkennbar sein, dass Sie die wirtschaftlichen Konsequenzen im Blick haben und danach das eigene Handeln ausrichten.

Wahlmöglichkeit 1 der mündlichen Prüfung 2

Folgende Überlegungen bieten sich bei dieser Anforderung an:

Überlegung	Trifft zu ☺	Trifft nicht zu ☹	Meine Anmerkungen
Kann ich ein Ziel für den Auftrag formulieren?			
Brauchte ich einen Plan, um die Aufgabe zu lösen?			
Kann ich zeigen, dass ich das Zeitmanagement beherrsche? (Methode, Hilfsmittel)			
Musste ich mir Informationen zur Lösung der Fachaufgabe selbst beschaffen?			
Musste ich mich in der Planungsphase mit Personen(gruppen) abstimmen?			
Kann ich rechtliche oder wirtschaftliche Kenntnisse mit dieser Aufgabe nachweisen? Welche?			
Kann ich mit der Aufgabe zeigen, dass ich Ergebnisse kontrollieren und auswerten kann? (Das kann sich auf die Qualität, Quantität, Kosten, Zufriedenheit der Mitarbeiter usw. beziehen.)			
Gab es Zeitpunkte und Gründe, an denen ich Zwischenkontrollen durchführen konnte?			
Waren Planänderungen nötig? Warum? Wie gelöst?			
Habe ich neue Erkenntnisse aus der Lösung der Aufgabe gewinnen können? Was werde ich künftig anders machen?			
Gibt es Verbesserungsvorschläge für den betrieblichen Ablauf?			
Gibt es evtl. auch einen ökologischen Aspekt, der bei der Aufgabe eine Rolle spielt?			
Kann ich bei der Aufgabe zeigen, dass ich sparsam mit Ressourcen umgehe?			
Kann ich hervorheben, dass meinem Unternehmen Nachhaltigkeit sehr wichtig ist?			

2 Wahlmöglichkeit 1 der mündlichen Prüfung

5. „...der Prüfling soll nachweisen, dass er in der Lage ist, Kommunikations- und Kooperationsbedingungen zu berücksichtigen..."

In den kaufmännischen Berufen ist die Kommunikation das A und O. Kaufleute sind nun mal nicht Handwerker, sondern Mundwerker. Es wird überprüft, wie Sie in Ihrer Fachaufgabe betriebsinterne, aber auch externe Kommunikationsprozesse gestaltet haben.

Gestalten wird in diesem Zusammenhang als zielgerichtete Kommunikation verstanden. Das gelingt nur, wenn Kenntnisse über die Gesprächsführung und -taktik vorhanden sind und diese auch umgesetzt werden. In der mündlichen Prüfung haben Sie die Chance, Ihre sprachlichen Fähigkeiten „live" zu präsentieren.

Denkbare Fragen im Zusammenhang mit der Aufgabenauswahl könnten lauten:

Überlegung	Trifft zu ☺	Trifft nicht zu ☹	Meine Anmerkungen
Kann ich nachweisen, dass ich die betrieblichen Schnittstellen kenne?			
Kann ich bei dieser Aufgabe aufzeigen, wie ich mit anderen Abteilungen/Kollegen zusammenarbeite?			
Waren Terminabstimmungen erforderlich? Wie habe ich die Terminabstimmungen vollzogen?			
Kann ich bei dieser Aufgabe zeigen, wie ich mit Lieferanten/Kunden/Dienstleistern usw. kommuniziere?			
War eine schriftliche oder mündliche Kommunikation zur Lösung wichtig?			
Kann ich zeigen, wie ich Ergebnisse präsentiere?			

Wahlmöglichkeit 1 der mündlichen Prüfung

2.1.3 Ideensammlung für Themen

Sie finden hier einige Vorschläge, die Sie als Sprungbrett für Ihre weiteren Ideen nutzen können. Die meisten Themenvorschläge werden allgemein gehalten, damit sie von vielen Lesern nachvollzogen werden können. Bei der Bezeichnung Ihres Themas sollten Sie jedoch präziser formulieren (siehe 2.2.1, S. 45).

Auftragssteuerung und -koordination
- Bearbeitung einer Reklamation zu einem Auftrag
- Dem Kunden eine maßgeschneiderte Dienstleistung oder ein Produkt anbieten und verkaufen
- Maßnahme zur Überprüfung der Kundenzufriedenheit einleiten und auswerten

Kaufmännische Steuerung und Kontrolle
- Maßnahmen beim Zahlungsverzug eines Lieferanten einleiten/Forderungsmanagement
- Erstellen einer Nachkalkulation und daraus abgeleitete Empfehlungen
- Soll-Ist-Vergleich Personalkosten im Geschäftsjahr für die Geschäftsleitung aufbereiten

Kaufmännische Abläufe in kleinen und mittleren Unternehmen
- Durchführung der Mitarbeiterentlohnung
- Zahlungsein- und -ausgänge kontrollieren und Maßnahmen bei Zahlungsverzug einleiten

Einkauf und Logistik
- Verbesserungsvorschlag bezüglich des Lieferanten für Büromaterial
- Finden des geeigneten Spediteurs für Büroumzug
- Mitwirkung am Einkauf eines neuen Firmenfahrzeuges

Marketing und Vertrieb
- Planung einer Verkaufsaktion mit dem Ziel „5 % Umsatzsteigerung gegenüber dem Vorjahr"
- Durchführung einer Marktforschungsumfrage
- Planung und Durchführung eines Messe-Auftritts

Personalwirtschaft
- Entwicklung eines betrieblichen Feedback-Bogens für Mitarbeiterseminare
- Akquise von Auszubildenden für das neue Ausbildungsjahr
- Ein neuer Mitarbeiter soll ausgewählt werden

2 Wahlmöglichkeit 1 der mündlichen Prüfung

Assistenz und Sekretariat
- Organisation einer Geschäftsführersitzung
- Telefonkonferenz mit unserer Niederlassung im Ausland vor- und nachbereiten
- Vor- und Nachbereitung einer Dienstreise

Öffentlichkeitsarbeit und Veranstaltungsmanagement
- Planung eines Aktionstages zum Thema Ausbildung
- Organisation des „Tags der offenen Tür" für Hochschulabsolventen

Verwaltung und Recht
- Bearbeitung des Widerspruchs „Ablehnung zur Anlage eines Kleingartens"
- Vom Bürgeranliegen bis zur Lösung – Erwerb eines Jagdscheins

Öffentliche Finanzwirtschaft
- Vorbereitende Maßnahmen für den Jahresabschluss
- Stundung vorbereiten

Für eilige Leser der Kurzüberblick:

Die Themenwahl für Ihre betrieblichen Fachaufgaben sollte gut überlegt und abgewogen werden. Es erfolgt im Vorfeld keine Genehmigung des Themas durch den Prüfungsausschuss. Dadurch besteht die Gefahr, dass das Thema ungeeignet für die mündliche Prüfung sein könnte. Dieses Risiko können Sie minimieren oder vollkommen ausschließen, indem Sie die Kriterien, die an die Aufgabe gestellt werden, Punkt für Punkt überprüfen. Nutzen Sie dazu die Checklisten dieses Kapitels.

Ihre große Chance besteht darin, dass Sie zwei geeignete Themen finden und sich auf dieser Grundlage richtig gut auf das Fachgespräch vorbereiten können. Sie sind nicht allein - holen Sie sich Unterstützung, z. B. von Ihrem Ausbilder, Berufsschullehrer oder durch dieses Buch. Bei gründlicher Vorbereitung erkennen Sie, welche Themen und Fragen im Fachgespräch auf Sie zukommen können. Je intensiver und tiefer die Vorbereitung verläuft, desto geringer ist die Wahrscheinlichkeit, im Fachgespräch Überraschungen zu erleben. Das Fundament schaffen Sie also durch die umsichtige Wahl Ihrer Aufgabe, die Sie eigenständig im Betrieb erledigen bzw. bereits erledigt haben.

Wahlmöglichkeit 1 der mündlichen Prüfung

2.2 Was gehört in den Report?

Der Report ist eine maximal dreiseitige schriftliche Darstellung der im Ausbildungsbetrieb ausgeführten Fachaufgabe.

> 3. zur Vorbereitung auf das fallbezogene Fachgespräch soll der Prüfling
> a) für jede der beiden festgelegten Wahlqualifikationen nach § 4 Absatz 3 der Büromanagementkaufleute-Ausbildungsverordnung einen höchstens dreiseitigen Report über die Durchführung einer betrieblich-

Die Reporte für beide Fachaufgaben sind spätestens am 1. Tag der schriftlichen Prüfung einzureichen. Wird der vorgegebene Abgabetermin versäumt, wird der Prüfungsbereich „Fachaufgabe in der Wahlqualifikation" mit null Punkten bewertet.

Sie finden in diesem Ratgeber kein vollständiges Beispiel für einen Report. Es kann keinen Muster-Report geben, einfach weil die betrieblichen Rahmenbedingungen und Aufgaben so verschieden sein können. Der Report soll Ihr eigenes gedankliches Produkt sein. Je intensiver Sie sich damit befassen, desto leichter wird Ihnen das Fachgespräch dazu fallen! Jetzt bekommen Sie umfassende Anleitungen und Instruktionen, anschließend setzen Sie es in Ihrem Stil und mit Ihren eigenen Worten in Ihren Reporten um.

Wir richten den Spot zuerst auf die äußere Form, danach auf die Struktur und die Inhalte und zum Schluss folgen einige allgemeine Tipps und Erfahrungen.

Die Industrie- und Handelskammern verfahren zunehmend papierlos, d. h. die Reporte können auch in das Online-Portal geladen werden. Über die genaue Methode werden Sie von Ihrer IHK benachrichtigt. Ebenso informieren die meisten Industrie- und Handelskammern auf ihren Internetseiten über die Formalien, z. B. die Schriftgröße, den Zeilenabstand, Anzahl der Ausfertigungen (falls Ausdruck).

Übliche Anforderungen an die äußere Form sind:
- Deckblatt mit Angabe der Wahlqualifikation und dem Thema der Fachaufgabe
- maximal 3 Seiten Umfang, DIN A 4
- Schriftgröße 11, Schriftart Arial
- 1,5-zeilig verfasst
- einseitig beschrieben
- linker und rechter Rand 2,5 cm
- fortlaufende Seitennummerierung
- Vor- und Zuname auf jeder Seite
- Verwendung der Ich-Form und der deutschen Sprache

2   Wahlmöglichkeit 1 der mündlichen Prüfung

Halten Sie sich bitte genau an die Vorgaben Ihrer IHK. Es bringt Ihnen keine Pluspunkte, wenn Sie statt der vorgegebenen maximal 3 Seiten viel mehr Seiten abgeben oder eine Reihe von nicht zulässigen Anlagen liefern. Mein Tipp: **Schreiben Sie exakt 3 Seiten, nicht mehr und nicht weniger**. Das Deckblatt zählt nicht zu den 3 Seiten.

Der Report wird nicht mit einer Note oder mit Punkten bewertet.

Gut zu wissen:

Welchen Sinn macht der Report überhaupt, wenn er nicht bewertet wird?

Der Report ist Teil Ihrer Abschlussprüfung. Mit ihm haben Sie erneut eine Möglichkeit, Ihre Prüfung noch vor dem Prüfungsgespräch zu steuern – zumindest in gewissem Maße.

Empfänger Ihrer Reporte sind die **Prüfer** Ihres Prüfungsausschusses. Jeder Prüfungsausschuss besteht aus mindestens 3 Prüfern, wovon 1 Prüfer ein Berufsschullehrer ist. Die Prüfer benötigen den Report, um das **fallbezogene Fachgespräch entwickeln** zu können, und zwar passend zu Ihrer Fachaufgabe und zur Wahlqualifikation.

Ziel des Reportes ist es, den Prüfern die Fachaufgabe so zu beschreiben, dass sie als betriebsfremde Personen sehr schnell erkennen können, worum es bei dieser Aufgabe geht. Überlegen Sie, welche aussagekräftigen Informationen dazu nötig sind.

Wahlmöglichkeit 1 der mündlichen Prüfung

2.2.1 Struktur und Aufbau des Reports

Mit dem Report erhalten die Prüfer von Ihnen eine **Kurzbeschreibung der Fachaufgabe**.

Zu einem Report mit einem logischen Aufbau gehören:

> **Deckblatt**
>
> **1. Bezeichnung der Aufgabenstellung/des Themas**
>
> **2. Einleitung**
>
> **3. Hauptteil**
>
> **4. Schlussbetrachtung**
>
> **Evtl. Anlagen (wenn erlaubt)**

Diese Bestandteile werden wir nun ganz genau betrachten.

1. Bezeichnung der Aufgabenstellung/des Themas

Finden Sie einen Titel, der besonders treffend ist und die grobe Richtung vorgibt.

2. Einleitung

Stellen Sie sich vor, ich bin Ihre Prüferin. Ich weiß, in welchen Wahlqualifikationen Sie ausgebildet wurden, ich kenne aber Ihr Unternehmen nur vom Namen her. Grundsätzlich können Sie davon ausgehen, dass die Prüfer die allgemeinen Ausbildungsinhalte kennen und selbstverständlich über das kaufmännische Wissen verfügen.

Oftmals sind die Prüfer selbst Ausbilder oder haben einen engen Bezug zur Ausbildung und zum prüfenden Ausbildungsberuf. Bedenken Sie, dass die Prüfer nicht aus Ihrem Unternehmen, sondern aus anderen Betrieben der Region bzw. aus der Berufsschule stammen. Soweit zur Ausgangslage.

- Was müssten Sie mir zu Ihrer Fachaufgabe in der Einleitung mitteilen?
- Welche wichtigen Eckdaten sollten Sie mir zu Ihrem Unternehmen oder zur Abteilung geben?
- Wie führen Sie mich kurz und präzise zu Ihrem Thema hin?
- Was ist das Ziel der Aufgabe?

2 Wahlmöglichkeit 1 der mündlichen Prüfung

Beziehen Sie in Ihre Überlegungen auch mit ein, ob es sich um ein Standardthema oder ein seltenes, außergewöhnliches Thema für eine Fachaufgabe handelt.

Ein häufig gewähltes Thema und damit ein Standardthema könnte sein „Ein Mitarbeiter wird eingestellt". Hier könnte die Hinführung zum Thema darin bestehen, einige Eckdaten zum Unternehmen zu nennen.

Anstelle des Begriffes Einleitung könnten Sie auch die Begriffe Aufgabenstellung oder Ausgangssituation verwenden.

Es folgen drei Beispiele für die Einleitung bzw. Aufgabenstellung:

Beispiel 1:

„Ein Mitarbeiter beendet sein Arbeitsverhältnis im gegenseitigen Einvernehmen" / Wahlqualifikation Personalwirtschaft

Mein Ausbildungsunternehmen „Müller Autoteile GmbH" fertigt Kfz-Teile für Autowerkstätten. Die Firma hat 500 Mitarbeiter in 6 Regionalstellen in Nordrhein-Westfalen. Ich wurde in der Firmenzentrale in Mettmann ausgebildet, wo sich auch die Personalabteilung für alle Mitarbeiter befindet.

In meiner Fachaufgabe werde ich die Arbeitsaufgaben beschreiben, die in der Personalabteilung zu erfüllen sind, wenn das Arbeitsverhältnis im gegenseitigen Einvernehmen endet. Ziel ist eine rechtlich einwandfreie sowie zügige Abwicklung des Vorganges.

Wahlmöglichkeit 1 der mündlichen Prüfung

Beispiel 2:

„Give-Away-Aktion für unsere Kunden anlässlich des Firmenjubiläums" / Wahlqualifikation Marketing und Vertrieb

Mein Ausbildungsbetrieb „Kaiser-Umzüge" ist ein großes Bremer Umzugsunternehmen, das sich auf Büro-Umzüge spezialisiert hat. Zu unseren Kunden gehören Unternehmen aus der Wirtschaft, aber auch Behörden und Ämter. Anlässlich unseres 20-jährigen Firmenjubiläums sollen unsere Kunden ein Werbegeschenk erhalten.

Mein Auftrag bestand darin, der Marketingabteilung zwei Vorschläge für ein solches Geschenk zu unterbreiten. Bei der Recherche nach einem geeigneten Artikel und Lieferanten hatte ich freie Hand. Das Budget war vorgegeben, ebenso die Forderung, dass der gewählte Artikel einen Werbeeffekt für unser Unternehmen erzielen soll. Mein Report zeigt die Arbeitsschritte zur Lösung auf.

Beispiel 3:

„Planung einer mehrtägigen Dienstreise mit Fahrzeug und Chauffeur" / Wahlqualifikation Assistenz und Sekretariat

Mein Ausbildungsunternehmen „Glas international" mit dem Hauptsitz in Berlin entwickelt und produziert hochwertige Glaskonstruktionen. Da die Kapazität unserer bisherigen Produktionsanlage in Poznan (Polen) künftig nicht mehr ausreichen wird, ist die Geschäftsführung auf der Suche nach neuen Produktionsstätten.

Aus diesem Grund ist eine mehrtägige Dienstreise des Geschäftsführers aus dem Hauptsitz Berlin und dem Produktionsleiter aus Poznan zu planen. Diese Dienstreise hat 3 Stationen an 2 Tagen: Poznan, Warschau, Prag.

Mein Auftrag ist es, ein Fahrzeug mit Chauffeur zu mieten und dabei sowohl die Lenk- und Ruhezeiten zu berücksichtigen als auch die feststehenden Termine an 3 Orten in 2 Tagen einzubinden.

Wahlmöglichkeit 1 der mündlichen Prüfung

Was meinen Sie: Welche der genannten Beispiele sind eher Standardthemen?

Die Beispiele 1 und 2 sind mit hoher Wahrscheinlichkeit Themen, die des Öfteren von Prüflingen gewählt werden. Beispiel 3, ein Fahrzeug mit Chauffeur zu buchen, gehört nicht zu den Standardaufgaben im Sekretariat. Hier könnten Zusatzinformationen in der Anlage Sinn machen, z. B. ein Routenplan oder die Vorschrift über Lenkzeiten.

Neben der **Ausgangslage** sollte in der Einleitung bereits das Ziel genannt werden. Nur wenn Sie das Ziel benennen, können Sie am Ende des Reports schlussfolgern, ob und wie es erreicht wurde.

Übung: Markieren Sie in den Beispielen 1 – 3 jeweils das Ziel.

3. Hauptteil

Im Hauptteil – dem wichtigsten Bestandteil Ihres Reports – beschreiben Sie Ihre Vorgehensweise bei der Bearbeitung und Lösung Ihrer Fachaufgabe. Hier unterteilen Sie bitte in die Phasen

Planung, Durchführung, Kontrolle

Zeigen Sie durch Ihre Ausführungen, dass Sie nicht einfach unüberlegt losarbeiten, sondern dass Sie sich erst einmal eigene Gedanken über das Vorgehen machen. Strukturiertes Arbeiten beginnt mit der Analyse und Planung. Hier erfasst man die eigentliche Problematik und betrachtet die Aufgabe von allen möglichen Seiten und geht sie gedanklich durch.

Sie könnten beschreiben, wie sich Informationen zum Vorgang beschafft haben und mit wem Sie Ihr Vorgehen in der Planungsphase abgestimmt haben. Sie könnten eine Reihenfolge festlegen oder Prioritäten setzen. Zeigen Sie auf, dass Sie Ihr Zeitmanagement beherrschen, dass Sie sich z. B. Zwischentermine und Meilensteine setzen sowie moderne Hilfs- und Arbeitsmittel nutzen.

Nachdem Sie in der Planungsphase mehrere Vorgehensweisen gedanklich verglichen haben, entscheiden Sie sich in der Phase der Durchführung für die geeignete Vorgehensweise bei der Lösung der Aufgabe. Die gewählte Vorgehensweise ist zu beschreiben und zu begründen.

Die Prüfer sollen erkennen, durch welche Maßnahmen und Handlungen Sie zu Ihrem Ziel gekommen sind. Skizzieren Sie Ihre Arbeitsschritte in der Reihenfolge der Arbeitsausführung. Nutzen Sie Begriffe, die den Ablauf und die Wichtigkeit verdeutlichen, z. B. zuerst, danach, schließlich, zum Schluss, am dringendsten.

Skizzieren bedeutet, dass die Prüfer einen Überblick über Ihre Aktionen erhalten. Bei insgesamt drei Seiten, die Ihnen für den Report zur Verfügung stehen, können Sie sich nur auf das Wichtigste begrenzen. Dass Sie dabei gar nicht in die Tiefe gehen, ist vollkommen in Ordnung, denn es folgt ja noch das Fachgespräch.

Erörtern Sie, welche Probleme oder Hindernisse auftraten und an welcher Stelle es Änderungen zum Plan gab. Schildern Sie auch, wie Sie während der Arbeitsausführung kontrolliert haben, ob Sie auf dem richtigen Weg sind. Auch hier soll wieder erkennbar sein, dass Sie mitdenken und mitgestalten - das ist mehr als nur einen Auftrag abzuarbeiten.

4. Schlussbetrachtung/Auswertung

Im Schlussteil sollte erkennbar sein, was die Fachaufgabe gebracht hat. Blicken Sie zurück an den Beginn des Auftrags und an den Anfang Ihres Reports. Wurde das Ziel, das dort genannt wurde, erreicht? Falls nicht, begründen Sie dies. Eine Aufgabe ist nicht gleich ungeeignet, weil das Ziel nicht erreicht werden konnte. Entscheidend sind die genannten Gründe und die Schlussfolgerungen.

Ziehen Sie ein kurzes Fazit, bewerten Sie die eigene Lösung und den Nutzen Ihrer Fachaufgabe. Es lohnt sich außerdem ein Ausblick in die Zukunft. Wenn Sie Vorschläge zur Verbesserung und Optimierung der Abläufe aufzeigen können, ist das sehr positiv zu werten. Beschreiben Sie, was zu veranlassen wäre, damit Ihr Ergebnis und Ihre Erkenntnisse künftig nicht verlorengehen.

Aber nicht jede Aufgabe kann dies hergeben. Dann gehen Sie einfach davon aus, was Ihnen die Aufgabe persönlich gebracht hat oder anderen Mitarbeitern, Externen, Kunden usw. Welche Abteilung hat einen Nutzen von Ihrer Arbeit? Welche Folgen hätte es, wenn Sie fehlerhaft, unpünktlich usw. gearbeitet hätten? Bei dieser Herangehensweise können die Prüfer erkennen, dass Sie Ihre Aufgabe in den betrieblichen Zusammenhang einordnen können.

2.2.2 Was ist sonst noch beim Report zu beachten?

Sprachstil, Fehlerfreiheit, Vollständigkeit und Form sind weitere wichtige Maßstäbe eines Reportes.

Im Report geht es um rein sachliche Informationen, deswegen sollte dies auch der **Sprachstil** sein: **sachlich und klar**. Seien Sie vorsichtig mit betriebsüblichen Abkürzungen und Begriffen, die Außenstehende nicht kennen, bzw. erklären Sie diese.

Vermeiden Sie es, Namen von Mitarbeitern oder anderen Personen zu nennen, wichtiger ist die Funktion.

Auch fremdsprachige Bezeichnungen sollten übersetzt oder erklärt werden, wenn sie nicht zum allgemeinen Sprachgebrauch gehören. Üblicherweise wird in vollständigen Sätzen geschrieben, in der Regel wird die Ich-Form verwendet. Mitunter sind auch Stichpunkte angebracht, z. B. bei Aufzählungen.

Für angehende Kaufleute für Büromanagement ist es selbstverständlich, dass der Report **fehlerfrei** und **sauber** ist sowie exakt den Formalien und **DIN-Normen** entspricht.

Wahlmöglichkeit 1 der mündlichen Prüfung

Für eilige Leser der Kurzüberblick:

Der 3-seitige Report dient den Prüfern dazu, sich auf das Fachgespräch vorzubereiten. Im Report muss erkennbar sein, dass die Fachaufgabe eine Zielsetzung hat, dass die Arbeitsausführung geplant und aktiv gesteuert wurde und am Ende eine Auswertung erfolgte. Die Formvorgaben für den Report sind unbedingt einzuhalten. Am Prüfungstag der mündlichen Prüfung erfahren Sie, für welchen der beiden Reporte sich der Prüfungsausschuss entschieden hat.

Struktur	Inhalt
Deckblatt (falls von zuständiger Stelle vorgegeben)	
1. Bezeichnung der Aufgabenstellung / des Themas	Soll eine erste Orientierung geben
2. Einleitung	Ausgangslage => Worum geht es?
	Was muss der Prüfer unbedingt wissen, um die Fachaufgabe zu verstehen? (betriebliche Besonderheiten)
	Ziel => Was soll erreicht werden?
3. Hauptteil	Maßnahmen/Arbeitsschritte zur Zielerreichung
	Evtl. Untergliederung, z. B. in Planung, Durchführung, Nachbereitung
	Kurze Erläuterung von betrieblichen Besonderheiten, Fachbegriffen usw.
	Entscheidung für und Begründung der Vorgehensweise
	Evtl. Alternativen oder Maßnahmen zur Qualitätssicherung
4. Schlussbetrachtung	Kurzes Resümee: Ziel erreicht?
	Zusammenfassung: Verbesserungsvorschläge und persönliche Erkenntnisse
	Nutzen der Fachaufgabe
Anlagen (wenn erforderlich bzw. erlaubt)	Sollen das Verständnis für die Lösung der Fachaufgabe erleichtern.

2 Wahlmöglichkeit 1 der mündlichen Prüfung

Einige Industrie- und Handelskammern empfehlen den Aufbau des Reports anhand der Phasen

- **Planung und Vorbereitung**
- **Durchführung**
- **Auswertung.**

Die Inhalte sind identisch mit der vorhergenden Abbildung, lediglich die Struktur weicht ab:

Struktur	Inhalt
Deckblatt (falls von zuständiger Stelle vorgegeben)	
Bezeichnung des Themas	Erste Orientierung
1. Aufgabenstellung	Worum geht es? Ziel => Was soll erreicht werden?
2. Planung und Vorbereitung	Wie geplant? Weshalb? Mit welchen Arbeits- und Hilfsmitteln? Zeit?
3. Durchführung	Wie vorgegangen? Warum? Mit wem? Maßnahmen/Arbeitsschritte zur Zielerreichung
4. Auswertung	Welche Ergebnisse? Ziel erreicht? Persönliche Erkenntnisse
Anlagen (wenn erforderlich bzw. erlaubt)	

Lassen Sie Ihren Report von anderen – von Experten, zusätzlich auch von Laien – lesen, um zu testen, ob er verständlich ist. Suchen Sie sich außerdem zum Korrekturlesen Könner auf dem Gebiet der Rechtschreibung und Grammatik.

Wahlmöglichkeit 1 der mündlichen Prüfung

2.3 Wie bereite ich mich optimal auf den Inhalt und den Ablauf des Fachgespräches vor?

Während Sie diese Zeilen lesen, sind Sie bereits in der Prüfungsvorbereitung, also auf einem guten Weg. Die folgenden Ausführungen unterstützen Sie, sich vor allem inhaltlich auf das Prüfungsgespräch nach Variante 1 vorzubereiten. Außerdem machen Sie sich ein Bild vom Ablauf der Prüfung.

Allgemeine Hinweise – die auch für die Variante 2 und darüber hinaus für viele kaufmännische Berufe gelten – finden Sie zusätzlich im Kapitel 4.

Stellen wir uns vor, der Tag der mündlichen Prüfung ist da und Sie warten vor dem Prüfungsraum. Es gibt nicht **den** einen exakt vorgeschriebenen Ablaufplan der Prüfung, üblicherweise könnte die Prüfung wie folgt ablaufen:

2.3.1 Prüfungseröffnung

Die Eröffnung der mündlichen Prüfung hat drei Ziele:

1. Vorstellung
2. Überprüfung der Formalien, Belehrung, Informationen zum Ablauf
3. Mitteilung über die gewählte betriebliche Fachaufgabe

First of all: Vergessen Sie trotz der Aufregung nicht, beim Eintreten in den Prüfungsraum offen zu schauen und freundlich zu grüßen. Nicht nur Sie, sondern auch Ihre Prüfer wünschen sich einen guten Verlauf der Prüfung – dazu gehört zuallererst ein angenehmer Auftakt.

In der Regel wird es so sein, dass sich die Prüfer kurz namentlich vorstellen und damit einen **gegenseitigen Kontakt** herstellen. Achten Sie einfach darauf, wie man Ihnen gegenübertritt – ähnlich wie Sie es bei einem Vorstellungsgespräch machen würden.

Sie werden dann erkennen, ob zur **Begrüßung** ein Händeschütteln gehört, wo Sie sitzen oder stehen sollen, wo Sie Ihre Jacke und Tasche ablegen können usw. Verhalten Sie sich grundsätzlich höflich und freundlich.

2 Wahlmöglichkeit 1 der mündlichen Prüfung

Zum Start einer Prüfung gehört immer ein **formaler Teil**, d. h., die Prüfer müssen bestimmte Vorgaben einhalten, bevor das eigentliche Prüfungsgespräch beginnen kann. Hierzu zählt die **Identitätsprüfung**.

Halten Sie Ihren Personalausweis und auch die Einladung zur Prüfung griffbereit, vermeiden Sie langes Suchen in der Tasche. Auch eine kurze **Belehrung**, z. B. zum Thema Handy, und eine Information über den Ablauf der Prüfung gehören an den Beginn.

Wundern Sie sich nicht, wenn die Prüfer Sie fragen, ob Sie sich gesundheitlich in der Lage fühlen, die Prüfung abzulegen – auch diese Frage zählt zu den Formalien. Mit einem „ja" dokumentieren Sie, dass Sie die Prüfung jetzt ablegen möchten, bei einem „nein" wird die Prüfung gar nicht erst beginnen.

Während der Prüfungseröffnung sollten alle offenen Fragen zum **Ablauf** geklärt werden – auch von Ihrer Seite. Gäbe es z. B. einen Grund dafür, dass Sie einen Prüfer aus Befangenheit ablehnen, wäre es an dieser Stelle kundzutun.

Wenn Sie meinen, dass ein Prüfer Ihre Leistungen nicht objektiv einschätzen kann, dann sagen und begründen Sie dies - dieses Recht haben Sie. Der Prüfungsausschuss wird in so einem - äußerst seltenen - Fall die Begründung des Teilnehmers prüfen und eine Entscheidung treffen.

Eine äußerst wichtige Information fehlt Ihnen noch, um beginnen zu können: Der Prüfungsausschuss wird Ihnen nun mitteilen, welche der beiden Fachaufgaben für das Fachgespräch gewählt wurde. Diese Entscheidung trifft allein der Prüfungsausschuss, d. h. der Prüfling muss dies akzeptieren.

Dann kann es endlich losgehen.

Wahlmöglichkeit 1 der mündlichen Prüfung

2.3.2 Darstellung der betrieblichen Fachaufgabe und des Lösungsweges vor dem Prüfungsausschuss

Nun ist es soweit: ab jetzt läuft die Zeit. Ab jetzt wird Ihre Leistung bewertet. Ihr Prüfungsgespräch dauert 20 Minuten und soll mit einer Darstellung der Aufgabe und des Lösungsweges von Ihnen eingeleitet werden.

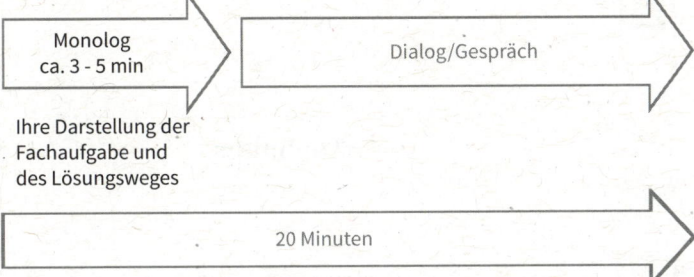

Die Prüfer werden Sie auffordern, Ihre **Fachaufgabe** sowie den **Lösungsweg kurz darzustellen**. Die ersten Minuten des Fachgespräches gehören allein Ihnen. Während der Darstellung werden die Prüfer Sie nicht unterbrechen. Eine Beschreibung haben Sie bereits mit dem Report vorgenommen. Es wird nicht erwartet, dass Sie den Report auswendig aufsagen oder gar vorlesen. Nein, im Gegenteil, Sie sollen mit Ihren eigenen Worten eine Einleitung geben. Natürlich darf es inhaltlich keine Differenzen zum Report geben, vielleicht wählen Sie auch einige Formulierungen haargenau wie im Report.

Rufen Sie sich ins Gedächtnis, dass nicht nur Ihre Fachkenntnisse bewertet werden, sondern auch die Kommunikationsfähigkeit. Es ist eine besondere Fähigkeit, etwas kurz und präzise darzustellen.

Ihre Einleitung ist ein grobes Skizzieren. Auch hier gilt wieder: verzetteln Sie sich nicht in Kleinigkeiten. Bleiben Sie bei einer kurzen Darstellung von ca. 3 bis maximal 5 Minuten. Überflüssige Informationen haben hier nichts zu suchen, denn Sie wollen eine Punktlandung erzielen. Damit Sie stets den Überblick behalten, wäre ein roter Faden gut.

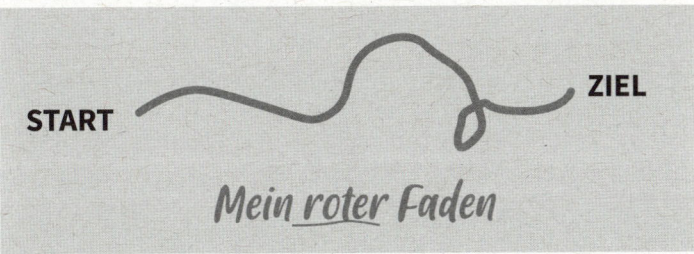

2 Wahlmöglichkeit 1 der mündlichen Prüfung

Das könnte Ihr **roter Faden** sein:

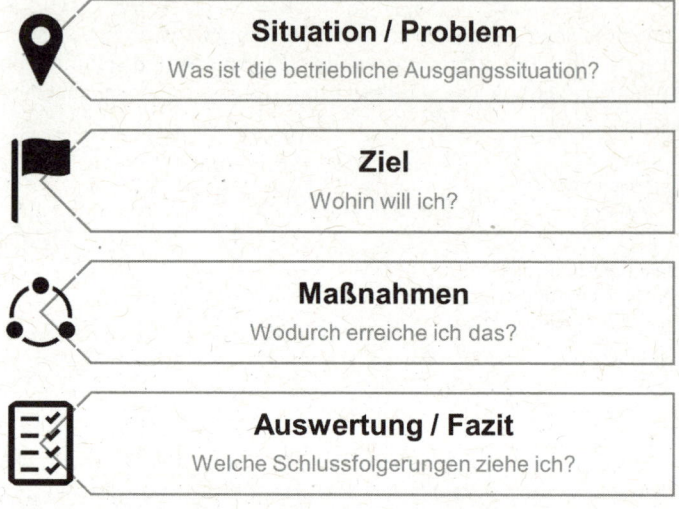

Darstellen heißt in diesem Falle ohne Medien oder Materialien, üblicherweise sitzend am Tisch. Eventuell werden Sie auch von den Prüfern gefragt, ob Sie zur Darstellung lieber stehen möchten. Dann entscheiden Sie, wobei Sie sich sicherer und wohler fühlen. Es spricht auch nichts dagegen, sich eine Uhr (Handy ist nicht erlaubt) auf den Tisch zu legen. Gehen Sie davon aus, dass Sie keine Hilfsmittel, wie z. B. Stichpunktkärtchen, nutzen dürfen bzw. prüfen Sie dazu Ihre Einladung von der IHK. Kalkulieren Sie ein, dass Sie Ihren Report im Prüfungsgespräch ebenfalls nicht nutzen werden. Das ist kein Problem, denn Sie kennen Ihren Report haargenau und sprechen frei.

Wahlmöglichkeit 1 der mündlichen Prüfung 2

Die Darstellung der Aufgabe und des Lösungsweges können Sie prima zu Hause üben, vor dem Spiegel, vor den Eltern oder Freunden. Wie wäre eine Tonaufnahme mit Ihrem Handy? Oder ist es möglich, dass jemand Sie mit dem Handy filmt? Natürlich sollten Sie die Einleitung auch Ihrem Ausbilder vortragen.

Notieren Sie diese Sätze wörtlich und feilen Sie daran herum, bis jeder Satz aussagekräftig ist. Überflüssige Informationen haben hier nichts zu suchen, denn Sie wollen eine Punktlandung erzielen. Dann lernen Sie diese Sätze auswendig.

Bleiben Sie bei einer kurzen Darstellung von ca. 3 - 5 Minuten, denn die Prüfer möchten ihre Fragen unbedingt noch loswerden.

Wahrscheinlich werden sich Ihre Prüfer während des Prüfungsgespräches Notizen machen. Werten Sie dies auf keinen Fall als Desinteresse. Das Gegenteil ist der Fall. Über den Prüfungsablauf müssen die Prüfer ein Protokoll für die Prüfungsakte anfertigen. Außerdem schreiben sich die Prüfer oftmals Anmerkungen auf, um im weiteren Gesprächsverlauf daran anzuknüpfen bzw. um bei der Bewertung Ihrer Leistung nichts zu vergessen.

Nach Ihrer Darstellung folgt ein fließender Übergang zum Fachgespräch.

2 Wahlmöglichkeit 1 der mündlichen Prüfung

2.3.3 Anschließendes Fachgespräch über die betriebliche Fachaufgabe

Im Fachgespräch werden die Prüfer genau nachfragen, denn sie wollen die Begründungen für Ihr Vorgehen erfahren. Die Prüfer wollen erkennen, ob Sie wirklich verstanden haben, worum es geht, und Ihr Hintergrundwissen ausloten. Allerdings wissen die Prüfer auch, dass Sie noch wenig Berufserfahrung haben, und werden dies in der Leistungsbewertung und in den Fragestellungen berücksichtigen.

Am Anfang werden die Prüfer Ihnen helfen, die Aufregung etwas abzubauen, indem voraussichtlich leichte oder allgemeine Fragen gestellt werden. Solch eine Frage könnte lauten: „Weshalb haben Sie sich für dieses Thema entschieden?" oder „Wie viel Mitarbeiter hat die Zentrale?". Dann wird der Schwierigkeitsgrad rasch ansteigen, denn Sie sollen und wollen ja auch zeigen, was Sie können.

Die Prüfer werden an Ihre einleitenden Ausführungen anknüpfen, und es wird sich ein Gespräch unter Fachleuten entwickeln. Es kann auch mal ein gegenteiliges Argument vom Prüfer kommen – vielleicht, um Sie ein wenig aus der Reserve zu locken, oder um zu sehen, wie sicher Sie bei Ihrer Argumentation und wie Ihre sprachlichen Kompetenzen sind.

Versuchen Sie, konzentriert zuzuhören, was der Prüfer sagt oder fragt. Überlegen Sie kurz, bevor Sie antworten. Den Prüfern ist bewusst, dass ein Prüfling nicht wie aus der Pistole geschossen antworten kann.

Das Gespräch wird sich nicht nur strikt um Ihre Aufgabe drehen, das wäre etwas zu einfach für ein Prüfungsgespräch. Die ausgewählte Aufgabe sowie der Report bilden die Grundlage für das Gespräch. Ihre Fachaufgabe haben Sie selbst gelöst, hier sind Sie gewiss sicher. Rechnen Sie jedoch auch mit einigen weiterführenden Fragen zum Thema und zur Wahlqualifikation.

Überlegen Sie sich, welche Themen zu Ihrer Wahlqualifikation gehören. Diese Themen finden Sie in der Ausbildungsordnung. Ziehen Sie außerdem das Fachbuch aus der Berufsschule hinzu und wiederholen Sie die Fachkenntnisse zu diesem Thema. Fragen Sie Ihren Ausbilder, welche Fragen er dazu stellen würde.

Wahlmöglichkeit 1 der mündlichen Prüfung

Die Überlegung sollte lauten: „Was muss jemand, der solch einen Vorgang bearbeitet, unbedingt wissen und können?" Hierzu zählen die spezifischen betrieblichen Kenntnisse, aber auch übergreifende Kenntnisse aus dem Beruf. Tauschen Sie sich mit Mitschülern aus Ihrer Berufsschulklasse aus. Wie würden diese – als Azubis aus anderen Unternehmen – solch einen Fall bearbeiten?

Die möglichen Inhalte und Phasen im Fachgespräch werden jetzt eine Rolle spielen. Wir betrachten das Thema und alle Abschnitte des Gespräches von allen denkbaren Seiten und orientieren uns am typischen Ablauf von Handlungen oder Prozessen:

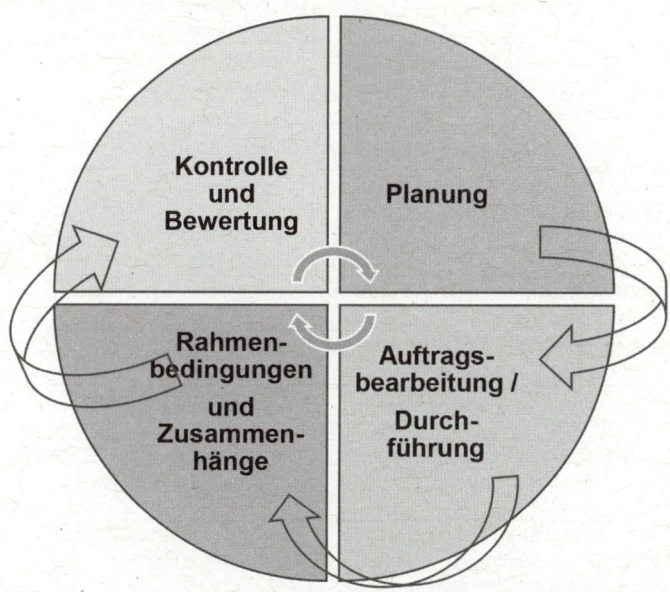

Greifen wir unser **Beispiel 1 „Ein Mitarbeiter beendet sein Arbeitsverhältnis im gegenseitigen Einvernehmen"** auf. Wir leuchten das Thema besonders gründlich aus, um zu erkennen, welche Fragen und Ansatzpunkte für das Fachgespräch versteckt sein können. Zu diesem Thema kennen wir nur die Einleitung, nicht den gesamten Report. Wir wissen auch nicht, was der Prüfling in der Einleitung bereits mitgeteilt hat, können aber trotzdem viele Fragen zusammentragen. Genauso können Sie dann bei Ihrem eigenen Thema vorgehen.

Ich versetze mich jetzt in die Lage der Prüfer, um Ihnen zu verdeutlichen, mit welchen Fragen ein Teilnehmer rechnen kann.

2 Wahlmöglichkeit 1 der mündlichen Prüfung

Fragen zum vorliegenden Fall	Vorrangige Ziele der Fragen
Einleitung/Aufgabenbeschreibung	
Wie viel Zeit haben Sie für die Bearbeitung benötigt?	Informationsfrage, Prüfer will sich ein Bild machen, fließt nicht in die fachliche Bewertung ein
Wie viel solche oder ähnliche Fälle haben Sie bereits bearbeitet?	Informationsfrage, fließt nicht in die fachliche Bewertung ein
Wieso haben Sie sich für dieses Thema entschieden?	Argumentationsfähigkeit
Wo haben Sie sich informiert?	Fähigkeit, sich Informationen zu beschaffen, Selbstständigkeit, Kenntnis über Rechtsgrundlagen
Sie schreiben in Ihrem Report, dass das Ziel eine zügige Abwicklung sei. Was konkret meinen Sie mit „zügig"?	Planungsfähigkeit, Kostenbewusstsein
Hauptteil/Planung, Durchführung, Kontrolle	
Schildern Sie uns Ihre Arbeitsschritte, nachdem der Austrittstermin feststand.	Vorgehensweise begründen, Arbeitsschritte nachvollziehbar machen, Beherrschung des Arbeitsgebietes
Nach welchen Kriterien haben Sie Ihre Arbeitsschritte geplant?	Planungsfähigkeit
Welche Arbeits- und Hilfsmittel haben Sie bei der Planung genutzt?	Planungsfähigkeit
Welche Schwierigkeiten sind aufgetreten?	Problemlösefähigkeit
Mit welchen Kollegen oder Abteilungen mussten Sie sich absprechen? Warum? Wie?	Kenntnisse über Schnittstellen, Kommunikationsfähigkeit
Erläutern Sie, warum sich Ihr Unternehmen für eine Auflösung im gegenseitigen Einvernehmen entschieden hat.	Fachwissen, betriebliche Kenntnisse
Fassen Sie die Vorteile einer Aufhebungsvereinbarung für beide Vertragspartner kurz zusammen.	Fachkenntnisse, Kosten-Nutzen-Denken
Welche Alternativen gäbe es zur Aufhebungsvereinbarung?	Fachkenntnisse, Hintergrundwissen
Sie erwähnten eine Abfindung. Warum wurde in diesem Fall eine Abfindung gezahlt?	Fachkenntnisse, betriebliche Kenntnisse
Sie haben gerade die Schriftform des Aufhebungsvertrages hervorgehoben. Beurteilen Sie die rechtliche Situation bei einer mündlichen beidseitigen Willenserklärung.	Fachkenntnisse

Wahlmöglichkeit 1 der mündlichen Prüfung

Das Arbeitszeugnis haben Sie nach den Vorgaben bzw. Formulierungen des Vorgesetzten geschrieben. Auf welche Formalien / äußere Form haben Sie beim Arbeitszeugnis geachtet?	Fachkenntnisse, Beherrschung des Sacharbeitsgebietes
Welche allgemeinen Inhalte standen im qualifizierten Arbeitszeugnis Ihres ausscheidenden Mitarbeiters?	Fachkenntnisse
Sie haben beschrieben, dass das Arbeitszeugnis in Ihrem Unternehmen spätestens am letzten Tag vorliegen sollte. Welche Folgen hätte ein verspätetes Vorlegen?	Fachkenntnisse, vorausschauendes Denken
Wie prüfen Sie, ob die Abwicklung des Vorgangs vollständig ist (Sie nichts vergessen haben)?	Kontrollfähigkeit, Genauigkeit, Nutzung von Hilfsmitteln (Checklisten, Arbeitsanweisungen usw.)
Sie stellen fest, dass der Mitarbeiter noch 10 Tage Urlaub hat (oder 20 Überstunden). Was veranlassen Sie?	Fachkenntnisse
Wie können Sie dazu beitragen, dass alle betrieblichen Unterlagen, die mit der Beendigung des Arbeitsverhältnisses abgegeben werden müssen, auch tatsächlich pünktlich abgegeben werden? Wie ist es bei den Mitarbeitern aus den Regionalstellen geregelt?	Problemanalyse, Lösungsfähigkeit, Planung, betriebliche Zusammenhänge
Welche Fristen mussten Sie bei den Sozialversicherungsträgern im Zusammenhang mit der Beendigung beachten?	Fachkenntnisse, Kontrollfähigkeit, Schnittstellen
Vergleichen Sie die gesetzlichen Vorgaben mit Ihren tariflichen Vorgaben bei der Beendigung von Arbeitsverhältnissen.	Fachkenntnisse, Urteilsfähigkeit
Definieren Sie den Begriff „Nachhaltigkeit"!	Kenntnisse zum Thema Nachhaltigkeit
Erläutern Sie, wie Sie im Personalbereich Kosten sparen können!	Kaufmännisches Denken, Umsetzung in der Praxis
Woran könnte ich bei Ihrer Fachaufgabe erkennen, dass Sie wirtschaftlich denken und handeln?	Kaufmännisches Denken und Handeln
Woran könnte ich erkennen, dass Ihnen und Ihrem Unternehmen Nachhaltigkeit wichtig ist?	Kenntnisse zum Thema Nachhaltigkeit, Umsetzung in der Praxis
Welche Folgen hätte es, wenn Nachhaltigkeit in Ihrem Unternehmen oder Ihrem Handeln vernachlässigt wird?	Vorausschauendes Handeln

2 Wahlmöglichkeit 1 der mündlichen Prüfung

Schluss/Auswertung	
Wie schätzen Sie rückwirkend Ihr Zeitmanagement ein?	Reflexionsfähigkeit
Wie beurteilen Sie die Arbeitsabläufe bei Beendigung eines Arbeitsverhältnisses in Ihrem Unternehmen? Was könnte verbessert werden?	Fachkenntnisse, Urteilsfähigkeit, kritische Herangehensweise, Reflexionsfähigkeit
Welche Möglichkeiten gäbe es zu prüfen, ob Ihr ausgeschiedener Mitarbeiter mit der Arbeit der Personalabteilung – speziell bei der Abwicklung – zufrieden war?	Kunden- und Serviceorientierung
Wenn Sie sich den gesamten Vorgang noch einmal vor Augen führen – was hat Ihnen die Bearbeitung erleichtert oder erschwert?	Wie ist der Umgang mit Hilfsmitteln, z. B. Checklisten? Arbeitsorganisation, Selbstorganisation, Reflexionsfähigkeit
	Kommunikationsfähigkeit generell

Wenn Sie all diese Fragen ausführlich beantworten, werden die vorgesehenen 20 Minuten wahrscheinlich gar nicht ausreichen.

Keine Bange, die Prüfungszeit wird nicht verlängert. Es wurden besonders viele Fragen aufgeführt, um zu verdeutlichen, in welch verschiedene Richtungen sich das Gespräch entwickeln kann.

Zu Übungszwecken sind die Fragen auch in einem fachlich hohen Niveau. Um sich fit für die Prüfung zu machen, können die Fragen in der Vorbereitung ruhig schwierig gestaltet werden.

Vielleicht fallen Ihnen noch weitere, ganz andere Fragen zum Thema ein, denn auf gar keinen Fall sind die aufgeführten Fragen vollständig! Je mehr Personen sich den Report durchlesen, desto mehr Fragen werden entstehen, denn jeder sieht die Aufgabe mit seinen Augen. Auch in der Prüfung schauen 3 Personen mit unterschiedlichen Erfahrungen auf Ihren Report und hören Ihren Ausführungen zu.

Die wertvollste Vorbereitung besteht darin, dass Sie ganz viele Fragen sammeln und diese für sich beantworten und bestenfalls auch von einer fachkundigen Person die Beantwortung überprüfen lassen.

Um zu verdeutlichen, was mit der kompletten Ausleuchtung des Themas gemeint ist, finden Sie hier **weitere mögliche Fragen**:

Wahlmöglichkeit 1 der mündlichen Prüfung 2

Weiterführende Fragen aus der Wahlqualifikation	Vorrangige Ziele der Fragen
Welche Arten der Arbeitsvertragsauflösung gibt es außer der Auflösung im gegenseitigen Einvernehmen?	Fachkenntnisse
Was würden Sie machen, wenn ein Mitarbeiter Ihnen mitteilt, dass er gar kein Zeugnis möchte?	Fachkenntnisse, Kunden- und Serviceorientierung
Wie sind die rechtlichen Möglichkeiten, wenn der Mitarbeiter mit seinem Arbeitszeugnis nicht einverstanden gewesen wäre?	Fachkenntnisse, Serviceorientierung, Problemlösefähigkeit
Gehen Sie davon aus, Sie hätten einen Betriebsrat. Was muss in der Vorgehensweise nun berücksichtigt werden?	Fachkenntnisse, rechtliche Zusammenhänge
Beschreiben Sie, was zur vollständigen Personalakte Ihres Mitarbeiters gehört. Wo und wie lange wird die Personalakte des ausgeschiedenen Mitarbeiters in Ihrem Unternehmen aufbewahrt? Was sind die gesetzlichen Grundlagen dafür?	Fachkenntnisse, Beherrschung des Sacharbeitsgebietes
Wäre grundsätzlich auch eine papierlose Form der Personalakte möglich?	Fachkenntnisse, Hintergrundwissen
Gibt es eine Auflösung im gegenseitigen Einvernehmen auch für Auszubildende? Welche sind hier die gesetzlichen Grundlagen?	Fachkenntnisse
Welche Möglichkeiten gäbe es, diese Stelle neu zu besetzen?	Fachkenntnisse, betriebliche Zusammenhänge, Kosten-Nutzen-Denken
Welche Regeln sind bei Ihrer Arbeit in der Personalabteilung bezüglich des Datenschutzes wichtig?	Fachkenntnisse
Als Mitarbeiter der Personalabteilung sind Sie für viele Kollegen ein wichtiger Ansprechpartner. Wie können Sie den Kollegen zeigen, dass Sie serviceorientiert arbeiten?	Kunden- und Serviceorientierung, Kommunikationsfähigkeit
Wie können Sie als Mitarbeiter der Personalabteilung dazu beitragen, die Kosten zu senken?	Kosten-Nutzen-Denken
Beschreiben Sie uns einige aktuelle Herausforderungen oder Trends im Personalbereich!	Betriebliche Sichtweise einnehmen können, neues Wissen aneignen

2   Wahlmöglichkeit 1 der mündlichen Prüfung

Zur inhaltlichen Vorbereitung gehört, dass Sie **ganz viele Fragen sammeln**, diese für sich beantworten und bestenfalls auch von einer fachkundigen Person die Beantwortung überprüfen lassen.

Erstellen Sie für Ihre beiden Fachaufgaben je eine Tabelle mit vielen Fragen und zusätzlich auch mit den Antworten. Welche Frage-Ideen haben Ihre Eltern/Arbeitskollegen/Berufsschullehrer/Freunde?

Trennen Sie in der Vorbereitung grundsätzlich die beiden Aufgaben der Wahlqualifikationen, um nicht durcheinander zu kommen.

Wenn Sie jetzt noch jemanden finden, der mit Ihnen die Gespräche mehrmals simuliert und anschließend auswertet, dann sind Sie wirklich gut vorbereitet.

Gut zu wissen:

Nach dem Ende des 20-minütigen Fachgespräches werden Sie vom Prüfungsausschuss gebeten, kurz vor dem Prüfungsraum zu warten. Nachdem sich die Prüfer beraten haben, werden Sie erneut in den Raum gerufen. Jetzt erfahren Sie, ob Sie die Abschlussprüfung bestanden haben oder nicht. Die Note der mündlichen Prüfung wird nicht mitgeteilt. Sie erhalten zunächst eine vorläufige Bescheinigung über das Bestehen oder Nichtbestehen und einige Zeit später den offiziellen Bescheid von der IHK – im Falle des Bestehens ist es das Zeugnis. Die vorläufige Bescheinigung ist unverzüglich dem Ausbildungsbetrieb vorzulegen, denn mit dem Bestehen der Abschlussprüfung endet das Berufsausbildungsverhältnis.

Das folgende Kapitel 3 dreht sich zwar um die Wahlmöglichkeit 2 der Prüfung, kann aber auch für die Teilnehmer der Reportvariante den ein oder anderen nützlichen Tipp enthalten. Deshalb lesen Sie bitte auch das Kapitel 3. Beachten Sie außerdem die Hinweise im Kapitel 4.

Zunächst viel Erfolg bei Ihrer Planung sowie der inhaltlichen Prüfungsvorbereitung.

3 Wahlmöglichkeit 2 der mündlichen Prüfung: Praxisbezogene Fachaufgabe mit Vorbereitungszeit und anschließendem fallbezogenem Fachgespräch

Dieses Kapitel nimmt die Variante 2 der mündlichen Prüfung in den Fokus. Auch wenn bereits feststeht, dass Sie die praxisbezogenen Aufgaben der Prüfer wählen, empfehle ich Ihnen, das Kapitel 2 vorher zu lesen, denn in den folgenden Erläuterungen wird vorrangig auf die Verschiedenheiten zur ersten Variante eingegangen.

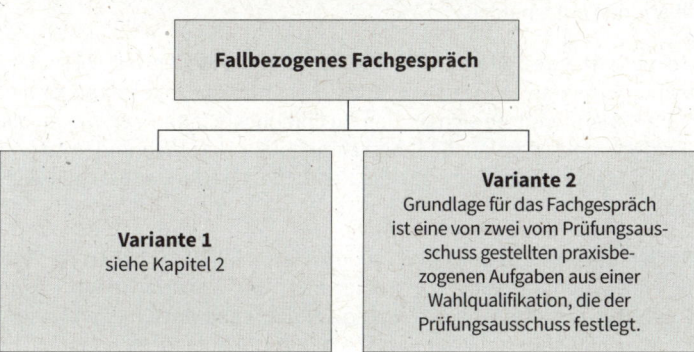

Folgende Ziele steuern wir gemeinsam an:

- Sie bilden sich eine eigene Meinung über die Variante 2 der mündlichen Prüfung.
- Sie haben ein Bild vom Ablauf der mündlichen Prüfung.
- Sie erstellen sich einen Zeitplan und Ziele für die Etappen der Prüfungsvorbereitung.
- Sie bereiten sich inhaltlich auf typische praxisbezogene Fälle Ihrer Wahlqualifikationen vor.
- Sie haben einen Plan, wie Sie die 20 Minuten Vorbereitungszeit gut nutzen können.
- Sie üben die Darstellung des Lösungsweges sowie die Begründung Ihrer Vorgehensweise.
- Sie fühlen sich durch Ihre Vorbereitung fachlich und mental gestärkt.

3 Wahlmöglichkeit 2 der mündlichen Prüfung

3.1 Zu erwartender Ablauf der Prüfung

3.1.1 Ausgangssituation

Wie ist die Ausgangssituation?

Wenn wir beide Möglichkeiten der mündlichen Prüfung miteinander vergleichen, fällt auf, dass die Prüfungsteilnehmer bei der Reportvariante die Inhalte der Prüfung beeinflussen können, indem sie sich jeweils für ein konkretes betriebliches Thema aus den beiden Wahlqualifikationen entscheiden.

Bei der Variante 2 lenken und beeinflussen die Prüfer das Geschehen stärker, denn sie entwerfen im Vorfeld die praxisbezogenen Aufgaben. Dabei orientieren sie sich an den Ausbildungsinhalten der Wahlqualifikationen aus dem Ausbildungsrahmenplan. Natürlich finden sich in den Aufgaben auch die Inhalte der Lernfelder aus der Berufsschule wieder.

Stellen Sie sich das so vor: Für jede Wahlqualifikation haben die Prüfer eine Schublade voll mit verschiedenen Aufgaben. Nachdem sich die Prüfer für eine Ihrer beiden Wahlqualifikationen entschieden haben, werden 2 Aufgaben aus der entsprechenden Schublade genommen. Es leuchtet ein, dass im Gegensatz zur ersten Variante diese Praxisaufgabe nicht genau auf die betrieblichen Besonderheiten des Prüflings zugeschnitten sein kann.

Die Entscheidung über die gewählte Wahlqualifikation ist nicht diskutierbar. Dafür haben Sie jedoch bei den Aufgaben eine Alternative: entweder Sie nehmen die eine oder die andere.

Wahlmöglichkeit 2 der mündlichen Prüfung

3.1.2 Struktur der Prüfung

Ihre mündliche Prüfung wird üblicherweise folgende Struktur haben:

1. Prüfungseröffnung mit Vorstellung, Formalien, Übergabe der Aufgabe
2. Vorbereitung des Teilnehmers auf das Gespräch, 20 Minuten
3. Prüfungsgespräch, höchstens 20 Minuten
4. Mitteilung über Bestehen/Nichtbestehen, Verabschiedung

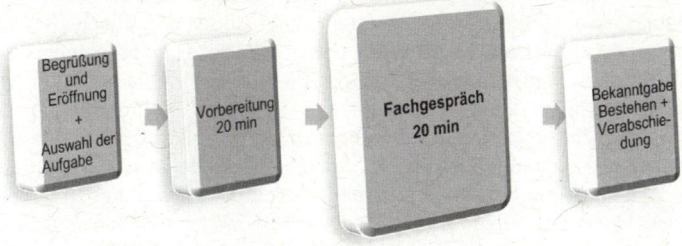

3.1.3 Prüfungsbeginn

Ein guter Start ist wichtig. Lassen Sie uns deshalb gemeinsam in Gedanken den möglichen Prüfungsbeginn durchspielen:

Die Prüfungseröffnung ähnelt sehr stark dem Prozedere, das im Abschnitt 2.3.1 beschrieben wurde. Also folgt nach der Vorstellung der Prüfer der formale Teil mit Identitätsprüfung, Frage nach dem Gesundheitszustand usw.

An den meisten Prüfungsorten dürfte der weitere Ablauf so organisiert sein, dass der Prüfling für die Vorbereitung einen separaten Raum aufsucht und hier nur zugelassene Hilfsmittel genutzt werden dürfen. Deswegen wird die Prüfungseröffnung mit den Informationen zum Ablauf etwas ausführlicher ausfallen. Diese Erläuterungen zählen weder zur Prüfungszeit für das 20-minütige Gespräch noch zur Vorbereitungszeit.

Nach der Klärung der Formalien und des Ablaufs legt Ihnen der Prüfungsausschuss **zwei Aufgaben zur Auswahl** vor. Sie erhalten dann die Gelegenheit, sich beide in Ruhe durchzulesen, und treffen anschließend Ihre Entscheidung für eine der beiden Aufgaben.

3 Wahlmöglichkeit 2 der mündlichen Prüfung

3.1.4 Wahl der Aufgabe

Nach der Klärung der Formalien werden die ersten Unterschiede im Ablauf erkennbar. Der Prüfungsausschuss legt Ihnen nun zwei Aufgaben zur Auswahl vor. Sie erhalten dann die Gelegenheit, sich die Aufgaben in Ruhe durchzulesen und wählen eine der beiden Aufgaben zur Bearbeitung aus.

Ein erster Orientierungspunkt ist das Thema bzw. der Titel der Aufgabe. Manche Prüfungsteilnehmer bekommen schon während des Lesens des Themas **erste Bauchsignale** ähnlich einer Ampel STOP bzw. GO! Solche Bauch- oder Körpersignale entstehen durch unser emotionales Erfahrungsgedächtnis. Wenn ein Prüfling beim Lesen des Themas, nehmen wir als Beispiel „Planen einer mehrtägigen Dienstreise", ein flaues Gefühl im Magen bekommt, könnte es z. B. mit einer negativen Erfahrung zu tun haben. Möglicherweise kennt er das Thema nur aus der Berufsschule und hat keine Praxiserfahrungen damit – es gibt die verschiedensten Gründe. Ist es jedoch ein Wunschthema und damit ein „Volltreffer", wird das Herz vielleicht vor Freude hüpfen. So einen Volltreffer wünsche ich Ihnen natürlich.

Entscheiden Sie sich jedoch nicht sofort nach dem Feststellen des Themas, sondern **lesen Sie bitte die Aufgabenstellung komplett durch**. Im Anschluss an die Körpersignale folgen nämlich noch sachliche Überlegungen. Beantworten Sie für sich die Frage, bei welcher Aufgabe Sie die **größten** Chancen für einen Erfolg sehen.

Auch wenn der Prüfling die mehrtägige Dienstreise in der Praxis noch nicht geplant hat, kann er die Aufgabe aufgrund seiner Kenntnisse und Fähigkeiten vielleicht doch gut lösen. Möglicherweise hat das flaue Gefühl auch mit der Erinnerung an frühere Fehler oder Mängel zu tun, die nicht mehr aktuell sind und aus denen der Prüfling inzwischen gelernt hat.

In der Prüfungssituation haben Sie zwar eine begrenzte Zeit zur Entscheidung – die Prüfer werden Sie aber nicht hetzen, wenn Sie darum bitten, sich die Aufgabenstellung nochmals kurz durchlesen zu dürfen. Auch wenn Sie eine wichtige Frage zum Verständnis oder zum Ablauf haben, wäre jetzt die Möglichkeit, sich damit an die Prüfer zu wenden.

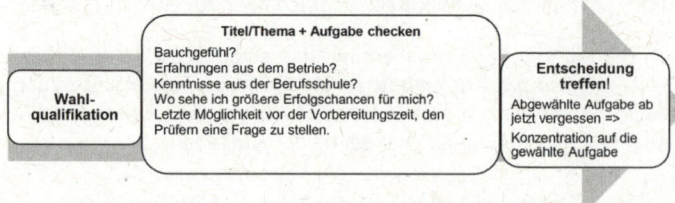

Alles klar? Danach gehen Sie mit Ihrer Aufgabe und den Schreibmaterialien in den Vorbereitungsraum.

Wahlmöglichkeit 2 der mündlichen Prüfung 3

3.2 Beispiele für praxisbezogene Fachaufgaben und Schlussfolgerungen für die Vorbereitungsphase

3.2.1 Aufgabenstruktur

Jeder Prüfungsausschuss kann seine Fachaufgaben **frei formulieren** und erstellen – natürlich unter Beachtung der rechtlichen Vorgaben. Auch der **Aufbau der Aufgaben ist nicht genormt**. Trotzdem sollen Sie eine Vorstellung bekommen, welche Struktur eine Prüfungsaufgabe vorweisen könnte:

Mündliche Prüfung im Ausbildungsberuf:
Kaufmann/-frau für Büromanagement

Wahlqualifikation:

Thema:
=> wird als Überschrift vorangestellt

Ausgangssituation:

Aufgaben:
=> ca. 3 Fragen oder Aufgaben; auch nur 1 Aufgabe möglich

Hilfsmittel/Zusatzinformation:
=> abhängig von Aufgabe, z. B. Ausdruck eines Flugplanes
=> eventuell Information, dass ein Teil des Prüfungsgespräches als Rollenspiel durchgeführt wird (Rollenspiel jedoch eher unwahrscheinlich)

Zeitvorgabe: 20 Minuten

3.2.2 Inhalt der praxisbezogenen Fachaufgaben

Haben Sie schon eine Idee, was der **Inhalt** einer praxisbezogenen Fachaufgabe und wie schwierig oder komplex die Aufgabe sein könnte? Um diese Fragen zu beantworten, blicken wir wieder in die **Ausbildungsordnung**. Die Vorgaben sind für beide Varianten der mündlichen Prüfung identisch.

Sie sollen im Fachgespräch zeigen, dass Sie

- berufstypische Aufgaben erfassen, Probleme und Vorgehensweisen erörtern sowie Lösungswege entwickeln, begründen und reflektieren können
- kunden- und serviceorientiert handeln
- betriebspraktische Aufgaben unter Berücksichtigung wirtschaftlicher, ökologischer und rechtlicher Zusammenhänge planen, durchführen und auswerten können
- Kommunikations- und Kooperationsbedingungen berücksichtigen

Wahlmöglichkeit 2 der mündlichen Prüfung

3.2.3 Beispiele für praxisbezogene Fachaufgaben

Was unter den Anforderungen zu verstehen ist, wurde bereits im 2. Kapitel erörtert. Diese Anforderungen und die Inhalte aus der Wahlqualifikation dienen den Prüfern dazu, die Aufgaben und das dazugehörige Fachgespräch für die Prüfungsvariante 2 zu entwickeln.

Zur Veranschaulichung folgen zwei Beispiele für fachbezogene Fachaufgaben:

Beispiel 1:

Wahlqualifikation:
Assistenz und Sekretariat

Thema:
Organisation einer Jahrestagung

Situation:
Sie sind Auszubildender zum Kaufmann/-frau für Büromanagement in einem Industrieunternehmen mit mehreren Filialen in Nordrhein-Westfalen. Es ist geplant, dass sich die Filialleiter und deren Stellvertreter (ca. 20 Personen) am Jahresende zu einer eintägigen Jahrestagung mit anschließender Übernachtung in Mönchengladbach, dem Hauptsitz des Unternehmens, treffen sollen. Ihr Vorgesetzter beauftragt Sie mit der Organisation der Veranstaltung.

Aufgaben:
1. Welche Informationen benötigen Sie von Ihrem Vorgesetzten, um die oben genannte Jahrestagung organisieren zu können?
2. Gehen Sie davon aus, dass Sie nun alle Informationen vom Vorgesetzten erhalten haben. Skizzieren Sie grob Ihre weitere Vorgehensweise zur Organisation der Jahrestagung.
3. Welches könnten die größten Ausgabeposten sein? Welche Vorschläge könnten Sie Ihrem Vorgesetzten unterbreiten, um diese Kosten zu verringern?

Hilfsmittel:
Keine

Alternative Aufgabenformulierung:
Erläutern Sie dem Prüfungsausschuss, wie Sie an die Lösung dieses Auftrages herangehen werden.

3 Wahlmöglichkeit 2 der mündlichen Prüfung

Beispiel 2:

Wahlqualifikation:
Personalwirtschaft

Thema:
Personalbeschaffung

Situation:
Sie arbeiten in einem Unternehmen, das Erzeugnisse zur Desinfektion für Krankenhäuser produziert. Die Zahl der Aufträge ging im letzten Quartal stark in die Höhe. Äußerst kurzfristig sollen deshalb 4 neue Mitarbeiter im Innendienst (1 Mitarbeiter Rechnungswesen, 1 Mitarbeiter Lager, 2 Mitarbeiter Produktion) sowie im nächsten Quartal ein Mitarbeiter im Außendienst (Einsatz überwiegend in Süddeutschland) eingestellt werden. Ihr Personalleiter hat Sie gebeten, ihn bei der Personalsuche zu unterstützen.

Aufgaben:

a) Beschreiben und begründen Sie die Planung Ihrer ersten Arbeitsschritte zur oben genannten Personalsuche.
b) Welche Alternativen gibt es zu Ihrer unter a) beschriebenen Vorgehensweise? Erläutern und bewerten Sie diese Alternativen.

Beispiel 3:

Situation:
Sie arbeiten in einem Unternehmen, das eine Poststelle mit einer Frankiermaschine und einer kleinen Druckerei hat. Aktuell wird überlegt, diese Dienstleistungen an ein externes Unternehmen abzugeben. Sie erhalten die Aufgabe, Ihrem Vorgesetzten eine erste Entscheidungshilfe mit Fakten (pro/contra) sowie geeignete Unternehmen zu präsentieren.

Aufgabe:
Erläutern Sie dem Prüfungsausschuss, wie Sie an die Lösung dieses Auftrages herangehen werden.

Hinweis:
Bitte berücksichtigen Sie bei Ihren Ausführungen

- wie Sie die Aufgabe planen, durchführen und kontrollieren
- wie Sie mit anderen Abteilungen Ihres Unternehmens bzw. mit Externen zusammenarbeiten

Wahlmöglichkeit 2 der mündlichen Prüfung 3

Ich unterteile die folgenden Erläuterungen in zwei Zeiträume: zuerst in die Vorbereitungs**phase** zu Hause und/oder im Betrieb und anschließend in die unmittelbare Vorbereitungs**zeit** am Prüfungstag und -ort.

3.2.4 Schlussfolgerungen für die Vorbereitungsphase

1. Mögliche Lerninhalte für das Fachgespräch ermitteln

Zuerst klären Sie, auf welche Lerninhalte Sie sich vorbereiten müssen. So ganz neu dürfte das für Sie nicht sein, denn Sie haben bereits für die schriftliche Prüfung gelernt. Sie werden merken, dass sich viele Inhalte überschneiden und deshalb eine Wiederholung darstellen. Trotzdem halte ich die fachliche Vorbereitung auf die mündliche Prüfung für sehr wichtig. Es stellt sich die Frage: Was genau ist für die mündliche Prüfung zu lernen?

Nehmen Sie den Ausbildungsrahmenplan zur Hand. Suchen Sie sich die wichtigsten Kenntnisse und Fähigkeiten aus Ihren beiden **Wahlqualifikationen** heraus. Ziehen Sie außerdem Ihr Fachbuch aus der Berufsschule hinzu. Diese Inhalte sind enorm wichtig für das Fachgespräch. Sie bilden die Grundlage für das Gespräch, deswegen ist dies der erste Schritt bei der Prüfungsvorbereitung.

In der Abbildung sehen Sie die fachlichen Inhalte aus der Wahlqualifikation „Personalwirtschaft".

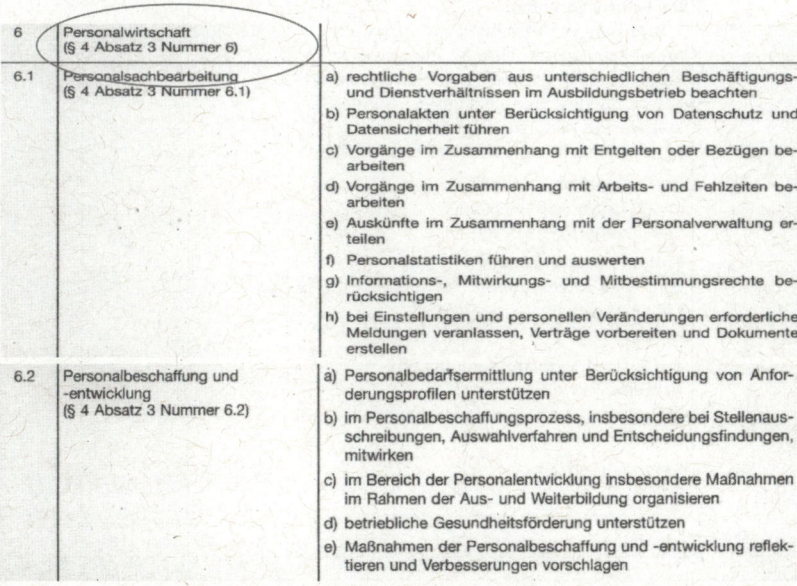

3 Wahlmöglichkeit 2 der mündlichen Prüfung

2. Motivationsplan mit Lerninhalten erstellen

Beim zweiten Schritt geht es darum, zu klären, wie sicher Sie sich bei Ihren Lerninhalten fühlen. Konzentrieren Sie sich auf den Lernstoff, den Sie noch nicht beherrschen. Obwohl es nicht angenehm ist, so ist es doch das entscheidende Kriterium. Die Themen, die Sie sowieso leicht durchschauen, sind die angenehmeren, aber diese können Sie auslassen und somit Zeit sparen. Machen Sie sich einen Vermerk „kann ich" und „werde ich lernen". Damit schaffen Sie sich einen Überblick, wo Sie aktuell stehen und wo Sie bis zu welchem Termin sein möchten. Sie haben es in der Hand - motivieren Sie sich selbst. Wenn Sie Ihren Plan nach den Wiederholungen aktualisieren, sehen Sie schwarz auf weiß, wie Sie Schritt für Schritt vorankommen.

So könnte ein Motivationsplan zur Wahlqualifikation „Personalwirtschaft" aussehen:

WQ 6 „Personalwirtschaft"	Kann ich /erledigt	Werde ich lernen	Termin
Allgemein Ziele der Personalwirtschaft Aufgaben und Struktur des Bereichs Personal Einordnung in das Unternehmen Organigramm Betriebliche Regelungen, Compliance			
6.1 Personalsachbearbeitung			
Rechtliche Vorgaben z. B. Allgemeines Gleichbehandlungsgesetz, Arbeitsschutzgesetz, Berufsbildungsgesetz, Bürgerliches Gesetzbuch, Betriebsverfassungsgesetz, Bundesdatenschutzgesetz, Bundesurlaubsgesetz, Kündigungsschutzgesetz, Jugendarbeitsschutzgesetz, Mutterschutzgesetz			
Personalakten Inhalt, Umgang, Datenschutz Personenbezogene Daten			
Entgelte oder Bezüge Lohn- und Entgeltformen Entgeltabrechnung Zeiterfassung			
Auskünfte im Zusammenhang mit Personalverwaltung Steuer- und sozialversicherungsrechtliche Meldeverfahren			
Personalstatistik Personalkennzahlen, z. B. Personalkosten, Personalbestand, Arbeitszeit, Personalbeschaffung, Personalentwicklung			

Wahlmöglichkeit 2 der mündlichen Prüfung 3

WQ 6 „Personalwirtschaft"	Kann ich /erledigt	Werde ich lernen	Termin
Informations-, Mitwirkungs- und Mitbestimmungsrechte Aufgaben und Rechte Betriebsrat, JAV			
Einstellung und personelle Veränderungen Unterlagen zur Einstellung Personalstammdaten Arbeitsvertrag Berufsausbildungsvertrag Beendigungsmöglichkeiten Abmahnung Arbeitszeugnis			
6.2 Personalbeschaffung und -entwicklung **Personalbedarfsermittlung** Analyse Personalbestand in quantitativer und qualitativer Hinsicht Ermittlung Brutto- und Nettopersonalbedarf, Stellenpläne, Stellenbesetzungspläne			
Personalbeschaffungsprozess Externe und interne Personalbeschaffungsmöglichkeiten Personalwerbung, Stellenbeschreibung, Anforderungsprofile, Eignungsprofile Bewerberauswahl			
Personalentwicklung Instrumente der Personalentwicklung, z. B. Schulung, Seminar, Workshop, Coaching, Webinar, Mentoring, Fernstudium, Blended Learning Mitarbeiterbeurteilung Berufsausbildungsvorbereitung/Berufsausbildung/Fortbildung/Umschulung			
Betriebliche Gesundheitsförderung Ziele Mögliche Maßnahmen			
Reflexion von Maßnahmen Möglichkeiten und Ziele			

Alternativ könnten Sie folgende Einteilung vornehmen:

„Zentrale Themen" = Wissensgebiete, die häufig in Leistungstests abgefragt wurden, deshalb hat dieser Lernstoff oberste Priorität.

„Wichtige Themen" = Wissensgebiete, die ebenfalls wichtig erscheinen, jedoch erst gelernt werden, wenn die zentralen Themen einwandfrei beherrscht werden.

„Weniger wichtige Themen" = falls Zeit bleibt, werden diese Themen wiederholt, ansonsten gilt: Mut zur Lücke.

Wahlmöglichkeit 2 der mündlichen Prüfung

3. Reihenfolge und Zeitplan für die beiden Wahlqualifikationen festlegen

Danach erstellen Sie Ihren Zeitplan für die Vorbereitung auf die beiden gewählten Wahlqualifikationen. Zu diesem Zeitpunkt ist Ihnen wahrscheinlich der genaue Termin für die mündliche Prüfung noch nicht bekannt. **Gehen Sie deshalb vom frühestmöglichen Prüfungstermin aus** und planen Sie einen Puffer für ungeplante Ereignisse ein.

Meine Empfehlung: starten Sie mit der Wahlqualifikation, die Sie als schwieriger empfinden, dann die leichtere Wahlqualifikation – und dann geht es wieder von vorn los mit der Wiederholung.

4. Eigene Ziele visualisieren

Setzen Sie Ihre Ziele so, dass Sie erreichbar und realistisch für Sie sind. Die Prüfungsziele der anderen Auszubildenden sind für Ihre Zielerreichung unwichtig.

Hängen Sie Ihren Plan so auf, dass Sie ihn häufig sehen und ans Lernen erinnert werden. Außerdem können Sie so Ihre Fortschritte ablesen.

Wenn Sie dazu neigen, etwas auf die lange Bank zu schieben: Holen Sie sich Verbündete, Personen, die Sie erinnern und Ihnen ins Gewissen reden. Vielleicht brauchen Sie Druck, um in die Gänge zu kommen.

5. Belohnungen sind wichtig

Belohnen Sie sich selbst, wenn Sie Teilziele erreicht und Termine eingehalten haben. Machen Sie etwas, das Ihnen guttut.

Wahlmöglichkeit 2 der mündlichen Prüfung

6. Theoretische Fachkenntnisse allein genügen nicht

Wenn Sie Ihre Fachkenntnisse regelmäßig wiederholt und gefestigt haben, sind Sie eine riesige Etappe zum Prüfungserfolg vorangekommen. Da wir aber nicht bei einer schriftlichen Prüfung sind, kommen jetzt noch die Besonderheiten einer mündlichen Prüfung dazu, nämlich die Interaktion zwischen Ihnen und den Prüfern.

Am Beginn des Fachgespräches werden Sie Ihre Fachaufgabe und den Lösungsweg darstellen – das gilt für beide Wahlmöglichkeiten.

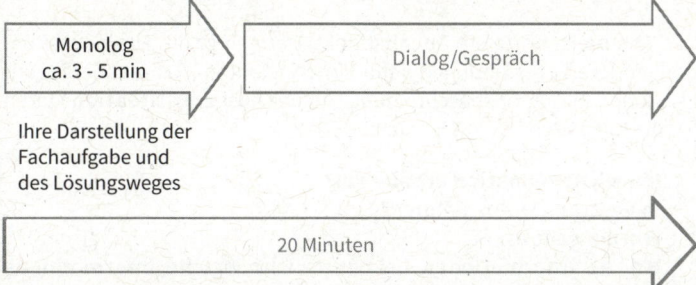

Im Gegensatz zur Reportvariante können Sie die Darstellung der Fachaufgabe und des Lösungsweges nicht im Betrieb oder zu Hause entwerfen und üben, sondern erst nachdem Sie Ihre Aufgabe erhalten haben, also in der 20-minütigen Vorbereitungszeit. Erarbeiten Sie sich trotzdem die Hinweise im Kapitel 2.3.2, denn diese können auch für Sie von Nutzen sein. Ich greife diese auch im Kapitel 3.3 noch einmal auf.

3.3 Vorbereitungszeit am Prüfungstag

Wie nutze ich am Prüfungstag die 20 Minuten Vorbereitungszeit am sinnvollsten?

Wenn Sie im Vorbereitungsraum sitzen, **lesen Sie bitte alle Informationen zur Prüfungsaufgabe noch einmal ganz genau und konzentriert durch**. Einige Prüflinge fangen sofort – evtl. aus Zeitdruck – an, die Aufgabe zu lösen, und überlesen dann möglicherweise in der Prüfungsaufregung etwas. Dies könnte schnell dazu führen, dass man mit der Lösung auf einem Irrweg ist.

Das **Thema** ist der erste Anhaltspunkt. Dann folgt die Ausgangssituation; andere Bezeichnungen dafür könnten lauten „Rahmenbedingungen" oder „Situationsbeschreibung". In der **Ausgangssituation** klären Sie die folgenden Punkte für sich:

> **In welcher Funktion arbeite ich?**
> **In welchem Unternehmen?**
> **Worum geht es?**
> **Welche Informationen bekomme ich? Welche Informationen muss ich mir selbst beschaffen bzw. selbst ergänzen?**
> **Welche Besonderheiten werden genannt?**
> **Was ist das Ziel der Aufgabe?**

Es ist möglich, dass die Ausgangssituation sehr genau beschrieben ist und dass sie viele Fakten und Daten enthält. Dann halten Sie sich exakt an diese Vorgaben.

Markieren oder unterstreichen Sie wichtige Begriffe, arbeiten Sie mit Farben und Symbolen.

Wahlmöglichkeit 2 der mündlichen Prüfung

Zur Veranschaulichung betrachten wir eine Ausgangssituation präzise. Selbstverständlich ist die gesamte Situationsbeschreibung wichtig. Die entscheidenden Details sollten wir jedoch markieren und bei der Lösungsfindung aufmerksam einbeziehen.

Wahlqualifikation:
Assistenz und Sekretariat

Thema:
Organisation einer Jahrestagung

Situation:
Sie sind Auszubildender zum Kaufmann/-frau für Büromanagement in einem Industrieunternehmen mit mehreren Filialen in Nordrhein-Westfalen. Es ist geplant, dass sich die Filialleiter und deren Stellvertreter (ca. 20 Personen) am Jahresende zu einer eintägigen Jahrestagung mit anschließender Übernachtung in Mönchengladbach, dem Hauptsitz des Unternehmens, treffen sollen. Ihr Vorgesetzter beauftragt Sie mit der Organisation der Jahrestagung.

Aufgabe:
Erläutern Sie dem Prüfungsausschuss, wie Sie an die Lösung dieses Auftrages herangehen werden.

3 Wahlmöglichkeit 2 der mündlichen Prüfung

Das Thema ist klar: es geht um die Organisation einer Jahrestagung. Aber was steckt noch in der Ausgangssituation?

Ich lese heraus, dass es sich um ein Industrieunternehmen handelt und dass die Filialleiter aus verschiedenen Filialen aus Nordrhein-Westfalen kommen. Es ist eine Übernachtung geplant, und zwar nach der Tagung. Das Treffen findet am Hauptsitz statt. Die Eingeladenen sind in Führungspositionen, die Zahl beträgt 20. Es handelt sich um eine Jahrestagung, die evtl. regelmäßig jährlich stattfindet. Was könnte Inhalt einer Jahrestagung sein, was stand in der Vergangenheit auf der Tagesordnung? Die Tagung soll eintägig sein. Der Termin soll zum Jahresende stattfinden. Den Termin zum Jahresende verbinde ich mit

- Weihnachtsferien und damit erhöhter Termindichte => Schwierigkeiten bei der Terminfindung
- ausgebuchten Hotels und Restaurants durch Weihnachtsfeiern, Weihnachtsmärkte usw.=> rechtzeitig mit Planung beginnen
- schwierigen Witterungsbedingungen, z. B. Schnee und Glätte => Stau bei der Anreise
- einem gemütlichen Beisammensein, denn das Arbeitsjahr geht zu Ende => evtl. Rahmenprogramm einplanen

Der Blick auf die Aufgabenstellung verdeutlicht, dass Sie in der Vorbereitungszeit nicht etwa einen kompletten Entwurf der Jahrestagung erstellen. Kein Mensch schafft dies in 20 Minuten. Sie könnten sich aber eine skizzenhafte Vorgehensweise überlegen und einen ersten Plan entwickeln, wie Sie an die Planung herangehen.

Die verschiedenen Aspekte dieser Ausgangssituation überhaupt zu erkennen – das wäre schon eine tolle Leistung, die mit entsprechenden Punkten gewürdigt wird.

Wahlmöglichkeit 2 der mündlichen Prüfung 3

Was passiert, wenn ein oder mehrere Gesichtspunkte vom Prüfling vergessen werden? Es wird beispielsweise nichts zur Übernachtung oder zu einem abendlichen Rahmenprogramm gesagt? Erst einmal passiert gar nichts. Also gilt: Ruhe bewahren! Im weiteren Verlauf des Fachgesprächs werden die Prüfer wahrscheinlich auf diese Themen lenken. Dann hat man nochmals eine Chance, sich Punkte zu holen – diesmal mit einer oder vielleicht sogar mehreren Hilfestellung(en). In der Bewertung der Prüfungsleistung werden Hilfestellungen berücksichtigt und können zum Abzug von Punkten führen.

Beachten Sie bei der Lösungsfindung, dass Sie die Ausgangssituation mit den herausgearbeiteten und markierten Details stets im Auge behalten. Ihr Ergebnis muss maßgeschneidert zur Situation passen, eine allgemeine Lösung ohne Berücksichtigung der Ausgangssituation reicht nicht aus.

Statt der Fragen können auch Aufforderungen angeführt werden. **Achten Sie genau auf Formulierungen** wie „nennen", „vergleichen", „schlussfolgern" usw. und nutzen Sie die Hilfsmittel oder Zusatzinformationen, falls angegeben.

Versuchen Sie anschließend, verschiedene Strategien zu durchdenken und entscheiden Sie sich für einen Lösungsweg. Diesen Lösungsweg begründen Sie nun. Der Prüfungsausschuss soll erkennen, wie Sie Ihre Aufgabe zu einem erfolgreichen Ende führen. Zeigen Sie, dass Sie über Fachkenntnisse verfügen, z. B., indem Sie sich auf Gesetze oder betriebliche Regelungen beziehen und Fachbegriffe benutzen.

3 Wahlmöglichkeit 2 der mündlichen Prüfung

Danach gibt es unterschiedliche Herangehensweisen an die Lösung, die ich Ihnen vorstellen möchte:

A. Stichpunkte

Schreiben Sie die Antworten nicht in vollen Sätzen, denn das kostet zu viel Zeit. Machen Sie sich **kurze Stichpunkte** und versuchen Sie gleich von Anfang an, eine grobe Struktur in Ihre Aufzeichnungen zu bringen.

Mein Tipp: Verinnerlichen Sie sich die 3 Bestandteile aus der folgenden Abbildung. Prägen Sie sich die Abbildung wie ein Foto ein oder lernen Sie diese auswendig – Sie wissen am besten, was bei Ihnen gut funktioniert. Diese Begriffe müssen im Vorbereitungsraum abrufbereit sein. Gliedern Sie Ihr Blatt während der Vorbereitung in diese 3 Bestandteile oder nehmen Sie pro Bestandteil eine Seite. Jetzt haben Sie Ihren roten Faden. Egal, um welches Gebiet und um welche Aufgabe es sich handelt, arbeiten Sie sich an dieser Aufteilung ab. Dann haben Sie gleichzeitig das Gerüst für Ihren Einstieg in das Prüfungsgespräch.

1. Ausgangssituation
- Wie habe ich die Aufgabe analysiert?
- Was ist das Problem?
- Welche wichtigen Details muss ich berücksichtigen?
- Was ist das Ziel?

2. Problemlösung
- Welche Aktionen/Arbeitsschritte werde ich durchführen?
- Mit welcher Begründung?
- Welche Probleme könnten auftreten?
- Wie ist der rechtliche Hintergrund?
- Welche Regelungen müsste ich im Betrieb einhalten?

3. Fazit
- Wie könnte ich meine Arbeit überprüfen?
- Wie könnte ich das Ergebnis messen?

Wahlmöglichkeit 2 der mündlichen Prüfung

Eine alternative Gliederung wären die Phasen „Planen, Durchführen, Auswerten". Auch danach könnten Sie Ihre Stichpunkte anordnen.

Im nächsten Abschnitt werden wir uns überlegen, wie Sie Ihre Ausführungen vortragen können. Bleiben wir aber noch beim Inhalt, beim Was.

B. Lösungsalternative mit W-Fragen

Bei Aufgaben, die mit der Planung oder Organisation zu tun haben, können Sie sich die Lösung durch W-Fragen vereinfachen:

	Vorgaben	Muss noch geklärt werden	Worauf muss ich achten?
Wann?	Jahresende	Genaues Datum? Spezieller Wochentag?	Adventszeit => Weihnachtsfeiern
Wo?	Hauptsitz Mönchengladbach	Tagung extern oder intern?	Wenn intern, dann Catering?
Wie?		Tagesordnungspunkte? Materialien? Technik?	Einladungsschreiben
Wer?	20 Personen (Filialleiter + Stellvertreter) aus Filialen in NRW		Besonderheiten aus dem Teilnehmerkreis für Hotelbuchung, z. B. Nichtraucherzimmer, Vegetarier
Wie lange?	1 Tag, anschließende Übernachtung	Hotel? Verträge mit Hotels? Budget? Beginn, Ende der Tagung, Pausenzeiten?	Nähe Autobahn? Wie ist die Anreise? Anreisezeit für Beginn beachten
Besonderheiten?			Dezember: Anreise durch Schnee, Glatteis usw. erschwert? Schwierigkeiten bei Terminfindung bzw. Hotelbuchung?

3 Wahlmöglichkeit 2 der mündlichen Prüfung

Der Vorteil dieser Herangehensweise wäre, dass Sie auf einen Blick die Struktur und die noch zu klärenden Fragen erkennen und daraus das weitere Vorgehen ableiten könnten. Wenn Sie genug Platz lassen, können Sie spätere Gedanken während der Vorbereitungszeit notieren.

C. Lösungsalternative mit Mindmap

Haben Sie bereits mit Mindmaps gearbeitet? Die Gedanken-Landkarte, so die deutsche Übersetzung, ist vielseitig einsetzbar, z. B. auch als Stichpunktzettel in Ihrer Prüfung.

Mind-Mapping ist eine äußerst kreative Arbeitsmethode und für alle geeignet, die schnell und strukturiert zum Ziel kommen wollen. Zugrunde liegt die sogenannte Baumstruktur.

Das Thema – in unserem Beispiel „Jahrestagung" – wird als Stichwort in der Mitte vermerkt. Ein Schlüsselwort (Oberbegriff) zum Thema wird an den jeweiligen Hauptast geschrieben. Die Oberbegriffe im Beispiel lauten Ort, Zeit/Termin, Kosten, Programm und Teilnehmer.

Dann lässt man die Gedanken wandern und findet möglichst viele weitere Unterbegriffe, die anschließend auf den Zweigen vermerkt werden. Auf die Hauptäste kommen also nur die Oberbegriffe, auf einem weiteren Zweig werden Unterbegriffe gebildet:

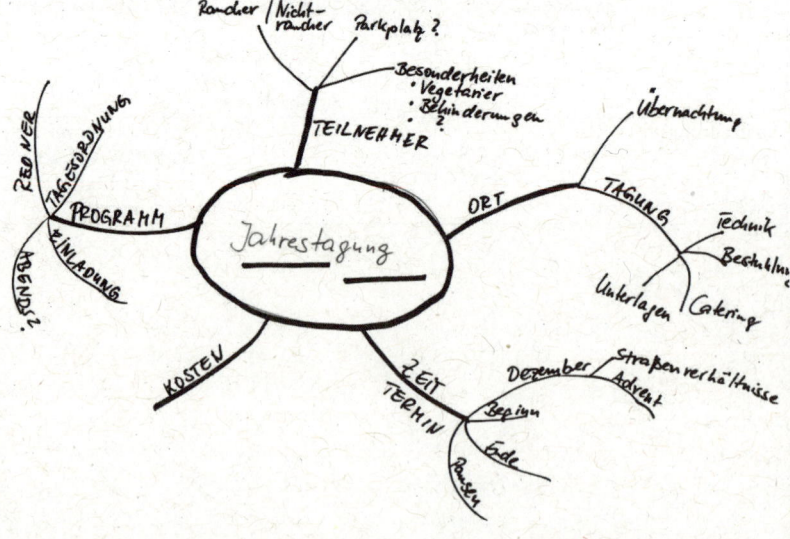

Wahlmöglichkeit 2 der mündlichen Prüfung

Überlegen Sie in der Vorbereitungszeit auch, **wie** Sie Ihre Ausführungen **beginnen** werden – also eine kurze Einleitung. Am Ende Ihrer Ausführungen sollte ein Fazit oder eine kurze Zusammenfassung erkennbar sein. Bei manchen Themen bietet sich eine visuelle Darstellung als Unterstützung des Inhaltes an.

Für eilige Leser der Kurzüberblick:

Die Vorbereitungszeit von 20 Minuten wird dem Prüfling eingeräumt, damit er das Thema, die Aufgaben und den Lösungsweg durchdenken kann.

Die Notizen, die sich der Prüfling machen kann, sollen ihn bei der Darstellung und Begründung des Lösungsweges unterstützen und als roter Faden dienen. Zur Bewertung der Prüfungsleistung werden die Notizen nicht hinzugezogen.

Neben dem herkömmlichen Stichpunktzettel bieten sich alternative Formen der Vorbereitung, wie z. B. Mindmaps oder Tabellen an, denn hier sind jederzeit Ergänzungen möglich.

Aus Zeitgründen sollte auf keinen Fall in vollständigen Sätzen geschrieben werden.

In der Vorbereitungszeit sollte nicht nur überlegt werden, was man sagt, sondern auch wie man es sagt.

3.4 Darstellung und Begründung des Lösungsweges vor dem Prüfungsausschuss

Nun sind Sie wieder im Prüfungsraum.

Das Fachgespräch wird mit Ihrer Darstellung der Aufgabe und des Lösungsweges beginnen.

Die ersten Minuten des Fachgespräches gehören ganz Ihnen.

Sie tragen das vor, was Sie sich in der Vorbereitungszeit überlegt und erarbeitet haben. Nutzen Sie diese Zeit, um die Prüfer von Ihrer fachlichen Leistung zu überzeugen. Zeigen Sie, dass Sie Lösungen entwickeln und Vor- und Nachteile abwägen können. Etwas überspitzt fordere ich Sie auf: „verkaufen" Sie Ihre Lösung.

Hier, in dieser Phase, aber auch im weiteren Gespräch spielt neben der fachlichen Leistung auch Ihre Kommunikationsfähigkeit eine wichtige Rolle. Also wird nicht nur bewertet, ob Ihre Argumente fachlich richtig und vollständig sind, sondern auch, wie Sie Ihre Argumente vorbringen. Es wird darauf geachtet, ob Ihre kurze Darstellung eine Struktur hat, wie Sie Fakten auf den Punkt bringen und wie Sie Ihre sprachlichen Fähigkeiten einsetzen.

Nach Ihrer Darstellung werden sich die Prüfer kurz bedanken und nahtlos das weitere Gespräch anschließen und steuern.

Wahlmöglichkeit 2 der mündlichen Prüfung

3.5 Anschließendes Fachgespräch über die praxisbezogene Fachaufgabe

Das Gespräch wird sich in der Struktur und im Ablauf sowie bei den Bewertungsschwerpunkten nicht von dem der Reportvariante unterscheiden. Da die Prüfer aber nicht an einen Report anknüpfen können, werden sie die Aussagen des Prüflings aus der Einleitung aufgreifen und daraus das Fachgespräch entwickeln. Die Fachaufgabe ist der Anlass und Ausgangspunkt, eine berufliche Situation gemeinsam zu erörtern und in der Fachsprache zu besprechen, kurz: eine Fachsimpelei durchzuführen.

Wie bei der Reportvariante können Sie sich darauf einstellen, dass das Prüfungsgespräch zu etwa gleichen Anteilen in den typischen Handlungsphasen abläuft:

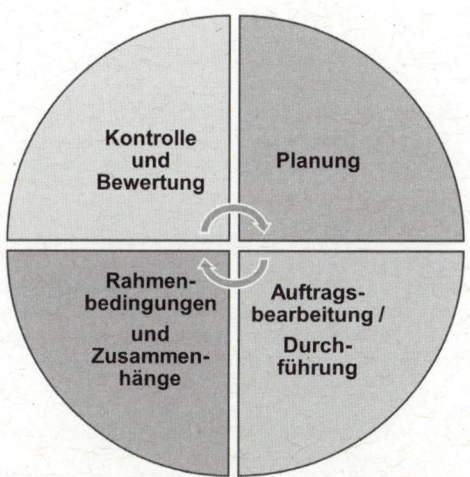

Natürlich haben sich die Prüfer im Vorfeld Themen und Fragen überlegt, die sie während des Fachgespräches anbringen möchten. Das Thema wird im Gespräch nicht nur vertieft, sondern es wird auch weiterentwickelt. Die Prüfer müssen sich dabei stets im Rahmen der ausgewählten Wahlqualifikation bewegen.

3   Wahlmöglichkeit 2 der mündlichen Prüfung

Ich nehme jetzt für Sie die Sicht der Prüfer ein und möchte Ihnen aufzeigen, welche Themen und Fragen bei der bereits bekannten Beispielaufgabe 2 eine Rolle spielen könnten.

Bitte bekommen Sie keinen Schreck wegen der hohen Anzahl der Fragen. Einige Fragen und Themen werden entfallen, weil der Prüfling diese bereits in der einleitenden Darstellung angesprochen hat. Andere Fragen entfallen aus Zeitgründen, denn das Fachgespräch darf 20 Minuten nicht überschreiten. Bei den aufgeführten Fragen geht es in erster Linie darum, dass Sie erkennen sollen, welche Fragen mit dieser Aufgabe verbunden sein könnten.

Hier noch einmal die Aufgabe:

Beispiel 2:

Wahlqualifikation:
Personalwirtschaft

Thema:
Personalbeschaffung

Situation:
Sie arbeiten in einem Unternehmen, das Erzeugnisse zur Desinfektion für Krankenhäuser produziert. Die Zahl der Aufträge ging im letzten Quartal stark in die Höhe. Äußerst kurzfristig sollen deshalb 4 neue Mitarbeiter im Innendienst (1 Mitarbeiter Rechnungswesen, 1 Mitarbeiter Lager, 2 Mitarbeiter Produktion) sowie im nächsten Quartal ein Mitarbeiter im Außendienst (Einsatz überwiegend in Süddeutschland) eingestellt werden. Ihr Personalleiter hat Sie gebeten, ihn bei der Personalsuche zu unterstützen.

Aufgaben:
a) Beschreiben und begründen Sie die Planung Ihrer ersten Arbeitsschritte zur oben genannten Personalsuche.
b) Welche Alternativen gibt es zu Ihrer unter a) beschriebenen Vorgehensweise? Erläutern und bewerten Sie diese Alternativen.

Wahlmöglichkeit 2 der mündlichen Prüfung 3

Und jetzt: Mögliche Themen und Fragen zur Prüfungsaufgabe:

- Was ist Ihr **Ziel** bei dieser Aufgabe? Wie würde die Personalleitung/Unternehmensführung das Ziel definieren?
- Welche **grundsätzlichen Gedanken** haben Sie sich zur Problemlösung gemacht?
- Wie haben Sie die Ausgangssituation **analysiert**?
- Wie gehen Sie bei der **zeitlichen Planung** vor? Welche **Hilfsmittel** setzen Sie ein?
- Wie könnten Sie sich weitere **Informationen** zum Vorgang beschaffen?
- Was sind Ihre **Informationsquellen**?
- Wie planen Sie die Einhaltung von wichtigen gesetzlichen und betrieblichen **Terminen** in der Personalabteilung?
- Mit welchen **Schwierigkeiten** würden Sie bei dieser Aufgabe in der Planungsphase rechnen?
- Mit wem müssen Sie Ihr Vorgehen **abstimmen**? Aus welchen Gründen? In welcher Form?
- Wie binden Sie diese Aufgabe in Ihren üblichen Tagesablauf/Arbeitsablauf ein?

Planung:
- Aufgabe erfassen
- Vorgehen planen

3 Wahlmöglichkeit 2 der mündlichen Prüfung

Durchführung:
- Probleme und Vorgehen erörtern
- kunden- und serviceorientiert handeln
- Lösung begründen

- Sie haben ausschließlich Maßnahmen zur externen Personalbeschaffung aufgezählt und bewertet. Wie stehen Sie dazu, die freien Stellen **intern** zu besetzen?
- Wann bietet es sich generell an, Stellen intern zu besetzen?
- Wie wichtig wäre es Ihnen, dass die neuen Mitarbeiter bereits im Klinikbereich gearbeitet hätten?
- Was verstehen Sie unter einem **Anforderungsprofil**?
- In der Aufgabe wurde ausgeführt, dass die Stellen äußerst kurzfristig besetzt werden sollen. Welche **Personalbeschaffungsmaßnahme** erfüllt dieses Kriterium am ehesten?
- In vielen Unternehmen gehört eine **Stellenbeschreibung** zu den Unterlagen für neu einzustellende Mitarbeiter. Erklären Sie uns die Inhalte einer Stellenbeschreibung.
- Welche Vor- und Nachteile hat die **Stellenanzeige**?
- **Wo** würden Sie in unserem Fall die Stellenanzeige veröffentlichen?
- Sie haben beschrieben, dass Sie Ihren neuen Mitarbeitern einen **Einarbeitungsplan** überreichen. Welches Ziel verfolgen Sie damit?
- Angenommen, es gelingt Ihnen nicht, die zwei benötigten Mitarbeiter für die Produktion zum angestrebten Termin einzustellen, sondern erst 4 Wochen später. Welche Lösung könnten Sie der Produktionsabteilung für die Zwischenzeit anbieten?
- Das Arbeitsverhältnis beginnt mit einer **Probezeit**. Welchen Sinn macht die Probezeit für die Vertragspartner?
- Wann und wie sollte die **Abstimmung** zwischen Ihnen und der Personalleitung während des Prozesses erfolgen?
- Wie können Ihre Mitarbeiter und auch die Bewerber erkennen, dass Sie **serviceorientiert** arbeiten?
- Für welche **Kommunikationswege** entscheiden Sie sich?
- Wie, wann, womit könnten Sie Sie zwischenzeitlich Ihre eigene Arbeit an diesem Auftrag **kontrollieren**?

Wahlmöglichkeit 2 der mündlichen Prüfung 3

Rahmenbedingungen:
- Wirtschaftliche, ökologische und rechtliche Zusammenhänge
- Gesamtzusammenhänge erkennen

- Schauen Sie jetzt nur auf die **Kosten** Ihrer vorgeschlagenen Personalbeschaffungsmaßnahmen. Welche Maßnahmen verursachen die geringsten Kosten?
- Wie könnten Sie sinnvoll dazu beitragen, die Kosten bei der Einstellung von Mitarbeitern zu senken?
- Woran könnte ich bei dieser Aufgabe erkennen, dass Sie nachhaltig denken und handeln? Erläutern Sie den Begriff **Nachhaltigkeit**! Beschreiben Sie an konkreten Beispielen, wie wichtig Ihrem Unternehmen Nachhaltigkeit ist!
- Welche Folgen hätte es, wenn Nachhaltigkeit in Ihrem Unternehmen oder Ihrem Handeln vernachlässigt wird? Erläutern Sie, wie Sie bei dieser Aufgabe **ressourcenschonend** arbeiten können!
- In unserem Fall wurde als Grund für die kurzfristigen Personaleinstellungen der plötzliche Anstieg der Aufträge genannt. Welche Einflussfaktoren könnten bei der **Personalbedarfsplanung** – z. B. für das künftige Geschäftsjahr – außerdem eine Rolle spielen?
- Welche **Gesetze** müssen Sie bei der Auswahl und Einstellung von Mitarbeitern beachten?
- Beim Erstellen von Stellenanzeigen spielt das **Allgemeine Gleichbehandlungsgesetz** eine große Rolle. Welche **Formulierungen** bzw. Angaben müssen Sie im Sinne der Gleichbehandlung in der Stellenanzeige vermeiden?
- Welches Ziel wird mit dem **AGG** verfolgt?
- Welche Möglichkeiten hätte ein Bewerber, wenn Ihr Unternehmen beim Einstellungsverfahren gegen das AGG verstoßen hätte?
- Erläutern Sie uns die Aufgaben und Rechte, die der **Betriebsrat** beim Auswahl- und Einstellungsverfahren wahrnimmt.
- In welchem **Gesetz** finden Sie Regelungen zur **Probezeit**?
- Welche Rolle spielt die **Digitalisierung** in diesem Bereich?
- Welches ist in **Ihrem Unternehmen** die typische Methode der Personalbeschaffung? Wie bewerten Sie diese Methode?
- Erläutern Sie uns Ihre betrieblichen **Compliance**!
- Was ist Ihnen wichtig in der direkten **Kommunikation** mit Geschäftspartnern/Bewerbern? Wie bereiten Sie sich auf **Geschäftsgespräche** vor?

3 Wahlmöglichkeit 2 der mündlichen Prüfung

- Bei der Neueinstellung von Mitarbeitern müssen einige **Melde-Aufgaben** bei Behörden oder Ämtern vorgenommen werden. Erläutern Sie uns in diesem Zusammenhang die Aufgaben der Personalabteilung.
- Welche allgemeinen Aufgaben hat die **Personalwirtschaft**?

> **Kontrolle/Bewertung der Ergebnisse:**
> - Lösungswege reflektieren
> - Betriebspraktische Aufgaben auswerten
> - Eigener Beitrag

- Wie, wann, womit können Sie Arbeitsvorgänge **kontrollieren**?
- Wie überprüfen Sie, ob die neuen Mitarbeiter alle wichtigen Informationen von Ihnen erhalten haben?
- Welchen konkreten **Nutzen** hat Ihre Arbeit a) für die Personalabteilung und b) für die einzustellenden Mitarbeiter? Wie kann der Nutzen ermittelt werden?
- Wie **dokumentieren** Sie Ihre Arbeit?
- Wie könnten Sie bei dieser Aufgabe **Schwachstellen** erkennen?
- Was heißt **Prozessoptimierung** für Sie?
- Welche **Folgen** könnte es für das Unternehmen und für Sie persönlich haben, wenn ungeeignete Bewerber eingestellt werden?
- Wie könnten Sie dem Personalleiter Ihr Ergebnis **präsentieren**?
- Welche „**Zeitdiebe**" könnte es bei dieser Aufgabe geben?
- Was würden Sie an Ihrer Vorgehensweise ändern, wenn Sie regelmäßig, z. B. in jedem Quartal, mehrere neue Mitarbeiter einstellen müssten?

Wahlmöglichkeit 2 der mündlichen Prüfung

Die vorbereiteten Fragen stellen einen Anhaltspunkt dar – allerdings sprengt die Anzahl den vorgegebenen Zeitrahmen von 20 Minuten. Im echten Prüfungsgespräch kommen auch viele spontane Fragen hinzu, die sich daraus ergeben, was der Prüfungsteilnehmer einbringt.

Recherchieren Sie weitere Beispielaufgaben. Suchen Sie sich Rollenspielpartner für Fachgespräche. Je häufiger Sie die Prüfungssituation simulieren, desto sicherer fühlen Sie sich.

Zum Schluss noch der Hinweis, dass die mündliche Prüfung genauso wie bei der Reportvariante endet, nämlich mit der Bekanntgabe über das Bestehen oder Nichtbestehen der Prüfung.

3 Wahlmöglichkeit 2 der mündlichen Prüfung

Prüfungsbeispiel mit Rollenspiel aus der öffentlichen Verwaltung

Wahlqualifikation:
Verwaltung und Recht

Thema:
Bürgerberatung zum Thema Jagdschein und Waffenbesitz

Situation:
Sie arbeiten in der Bürgerberatung der Stadt Mannheim. Ein junger Mann hat soeben telefonisch mit Ihnen einen Gesprächstermin für den morgigen Tag vereinbart. Er möchte sich über die Möglichkeiten informieren, einen Jagdschein sowie eine Jagdwaffe zu erwerben.

Aufgaben:
1. Erläutern Sie, wie Sie dieses Gespräch planen und vorbereiten. Welche wichtigen Punkte werden Sie ansprechen? Auf welche gesetzlichen Grundlagen beziehen Sie sich?
2. Beim folgenden Gesprächstermin erfahren Sie, dass der junge Mann im nächsten Jahr seinen Hauptwohnsitz nach Berlin verlegen wird. Wie bewerten Sie die geänderte Situation? Was müssten Sie dem jungen Mann nun mitteilen?
3. Führen Sie anschließend das Gespräch als Rollenspiel durch. Sie sind der Berater, die Rolle des Bürgers wird ein Prüfer übernehmen.

Hilfsmittel:
Entsprechende Verordnungen der Bundesländer / alternativ Internetzugang (unter Aufsicht)

Die Beispiele aus dem Kapitel 2.3.3 können Ihnen bei der fachlichen Prüfungsvorbereitung auch als Unterstützung dienen. Recherchieren Sie weitere Beispielaufgaben und suchen Sie sich Rollenspielpartner für die Prüfungssimulation.

Praktische Tipps und Hilfen

4 Tipps und Hilfen

In den vorangegangenen Kapiteln haben Sie sich intensiv mit der inhaltlichen und fachlichen Vorbereitung auf das Prüfungsgespräch befasst. Die nachfolgenden Tipps und Hinweise sind berufsübergreifend und für viele Prüfungssituationen brauchbar.

Sie verfolgen das Ziel, Ihre Kräfte zu bündeln. Außerdem sollen Sie Sicherheit gewinnen, denn Sicherheit reduziert mögliche Befürchtungen oder Ängste.

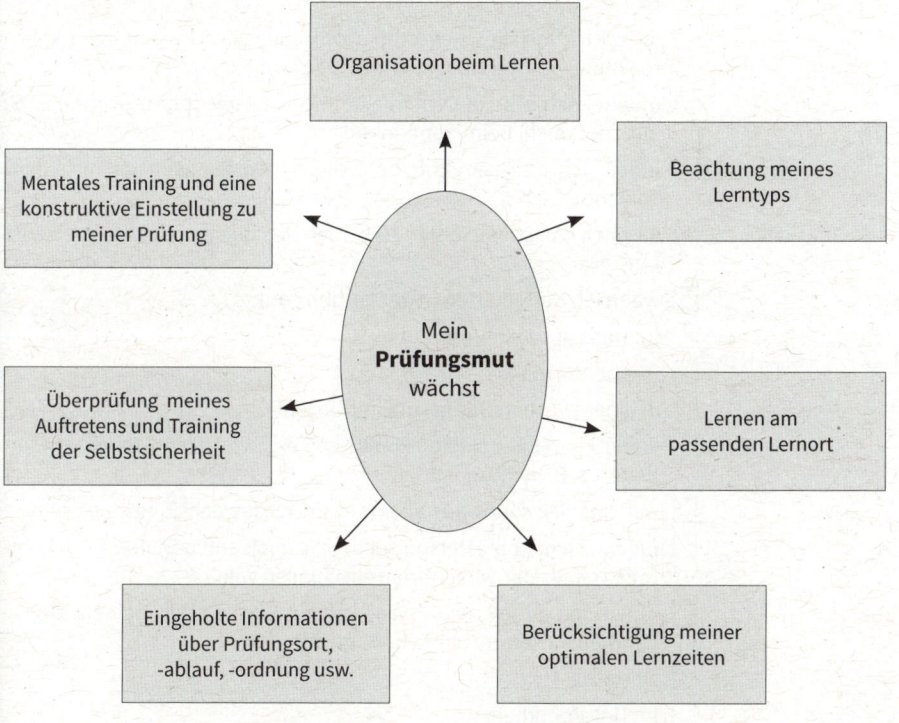

4 Praktische Tipps und Hilfen

4.1 Lern- und Zeitmanagement in der Vorbereitungsphase

Wie lernen Sie am besten? Wann erzielen Sie die größten Erfolge? Testen Sie sich!

Ich lerne am besten

- [ ] indem ich die Antworten schriftlich notiere
- [ ] indem ich mir die Antworten aufs Handy spreche und in Ruhe abhöre
- [ ] indem ich mir die Antworten aufs Handy spreche und beim Abhören laufe, Sport treibe, mich bewege
- [ ] indem ich mir beim Lernen eine lockere Atmosphäre schaffe, z. B. auf der Couch, beim Sonnenbad
- [ ] indem ich den Lernstoff bzw. die Antworten laut vor mich hinspreche
- [ ] indem ich mich mit jemandem über die Fragen und Antworten austausche
- [ ] wenn ich Karteikarten in der Lernbox nutze
- [ ] für mich ganz allein, in Ruhe
- [ ] in einer Gruppe
- [ ] in einem Vorbereitungskurs mit Dozent
- [ ] wenn ich mit ganz vielen Markierungen, Symbolen, Farben usw. arbeite – z. B. in diesem Buch
- [ ] mit einer Mischung aus allem – es muss abwechslungsreich sein
- [ ] indem ich mir eine Person suche, die mich anfeuert und mich kontrolliert, falls der Schlendrian zuschlagen will
- [ ] indem ich andere Azubis aus meiner Klasse oder meinem Unternehmen zu deren Thema befrage
- [ ] zu Hause
- [ ] im Unternehmen
- [ ] morgens
- [ ] am Wochenende
- [ ] abends, wenn alles erledigt ist oder vor dem Einschlafen
- [ ] indem ich mich bei Erfolgen oder Fortschritten auch belohne
- [ ] wenn ich die Vorbereitung gut planen und strukturieren kann
- [ ] wenn ich unter Zeitdruck stehe

Praktische Tipps und Hilfen 4

Erkennen Sie aus Ihren Antworten auch, welches Ihre günstigste **Lernzeit** ist? Untersuchungen haben gezeigt, dass die Leistungsfähigkeit der meisten Menschen am größten in den Vormittagsstunden ist, in der Mittagszeit sinkt und am Nachmittag ab ca. 16 Uhr wieder ansteigt. **Finden Sie ganz individuell die beste Lernzeit für sich heraus.**

Beachten Sie in diesem Zusammenhang auch die folgenden **Erkenntnisse aus der Lernforschung**:

- **Lernen Sie öfter und dafür weniger.**
  Lieber 30 Minuten täglich als einmal 4 Stunden hintereinander. Dadurch behält man das Gelernte länger.
- **Eine positive Einstellung fördert die Merkfähigkeit.**
  Reden Sie sich auf keinen Fall ein, dass Sie sich etwas schlecht merken können.
- **Sie erinnern sich besser an das, was Sie wirklich verstehen.**
  Versuchen Sie, eigene Formulierungen zu finden, anstatt stur auswendig zu lernen.
- **Lernen Sie immer am gleichen Platz, an Ihrem Lernplatz.**
  Es fällt Ihnen dann leichter, sich zu konzentrieren.
- **Sie lernen besser, wenn Sie regelmäßig kleine Pausen einlegen.**
  Psychologische Untersuchungen zeigen, dass es günstig ist, alle 30 Minuten eine kleine Pause von 2 – 3 Minuten zu machen. Nach einer Stunde sollte man eine Pause von ca. 5 Minuten einlegen, in der man etwas trinken oder essen kann.
  Nach 2 Stunden sollte eine Pause von 20 – 30 Minuten eingeschoben werden, in der umfangreichere Aktivitäten, wie z. B. ein Spaziergang, ausgeführt werden können.
  Nach 4 Stunden ist eine längere Unterbrechung notwendig, möglichst mit Einnahme der Hauptmahlzeit.
- Nach dem Lernen sollten Sie sich mit Dingen beschäftigen, die Sie intellektuell nicht fordern, z. B. Sport, Spaziergang, Gartenarbeit, Schlafen.
- Überlegen Sie sich vorab, wie Sie sich beim Erreichen von Teilerfolgen **belohnen** können.
  Das motiviert und spornt Sie an, durchzuhalten.
- In der aktiven Vorbereitungszeit kommt man auch mal an einen Punkt, an dem man das Gefühl hat, sich überhaupt nichts mehr merken zu können. Gönnen Sie sich dann eine **Verschnaufpause** und machen Sie 2 oder 3 Tage gar nichts für die Prüfung.

4 Praktische Tipps und Hilfen

Sie können den Lernerfolg auch beeinflussen durch den **Lernort**. Haben Sie erkannt, wie wichtig Ihnen die Umgebung ist? Brauchen Sie einen aufgeräumten Arbeitsplatz oder können Sie besser auf der Couch lernen? Wie wichtig sind Ihnen die Temperatur, Lichtverhältnisse, Lärm? Haben Sie daran gedacht, Ablenkungen wie Handy, Computer, Fernseher usw. auszuschalten?

Die Beantwortung der Fragen soll Ihnen außerdem Aufschluss über Ihren **Lerntypen** geben. Kennen Sie Ihren Lerntyp und beachten diesen bei Ihrer Prüfungsvorbereitung?

Auditiver Lerntyp: Hören	Visueller Lerntyp: Sehen	Motorischer Lerntyp: Machen	Kommunikativer Lerntyp: Sprechen
Lernt am besten durch Zuhören, z. B. bei Vorträgen oder mit Hörbüchern, Struktur ist wichtig	Bevorzugt schriftliche Informationen, mag Schaubilder, Grafiken, Lernvideos; prägt sich Inhalte bildhaft ein	Probiert Neues direkt aus, will erkunden und experimentieren, „Learning by doing"	Lernt durch Gespräche, Diskutieren, Erläutern
Lerntipp: Sprechen Sie Ihre Antworten aufs Handy und hören Sie sich Aufnahmen an, sprechen Sie außerdem laut die Antworten aus bzw. lesen Sie laut.	**Lerntipp**: Erstellen Sie sich Grafiken, Bilder, Skizzen, Mindmaps. Arbeiten Sie mit Hervorhebungen und viel Farbe.	**Lerntipp**: Bewegen Sie sich beim Lernen, nutzen Sie Rollenspiele.	**Lerntipp**: Lernen Sie in Gruppen bzw. mit einem Lernpartner, suchen Sie den Austausch mit anderen.

Wenn jemand stets gegen seinen bevorzugten Lerntyp arbeitet, werden keine positiven Gefühle entstehen – diese sind jedoch sehr wichtig bei der Prüfungsvorbereitung. Sie sollen sich wohlfühlen und können dies beeinflussen. Häufig gibt es sogenannte „Misch-Lerntypen", d. h., neben der favorisierten Lernmethode werden auch andere Wahrnehmungskanäle und Lernmethoden gern genutzt.

Mit der Umsetzung der Tipps aus den bisherigen Seiten haben Sie Ihre Prüfungsvorbereitung organisiert und geplant. Außerdem haben schon einiges getan, um Ihren Prüfungsmut wachsen zu lassen. Jetzt werden wir an einer offenen Haltung zur Prüfung und an der mentalen Fitness arbeiten.

Praktische Tipps und Hilfen 4

4.2 Wie gelange ich zu einer positiven Einstellung zur Prüfung?

4.2.1 Informationen über die Prüfung einholen

Viele Prüfungsteilnehmer begründen ihre Befürchtungen zur mündlichen Prüfung damit, dass sie nicht sicher sind, was sie in der Prüfungssituation erwartet.

Fragen schwirren im Kopf herum, beispielsweise „Wie streng werden die Prüfer sein? Wie viel Personen werden mich prüfen? Welche Folgen hätte es, wenn ich zu spät käme? Was passiert, wenn ich die Prüfung nicht bestehe?"

Gehören Sie auch zu diesen Prüfungsteilnehmern? Viele Fragen können im Vorfeld geklärt werden. Werden Sie aktiv!

- Erkunden Sie den **Weg** zum Prüfungsort, und zwar zur identischen Tageszeit und am gleichen Wochentag Ihrer Prüfung. Ein Zeitpuffer ist immer einzuplanen.
- Eventuell ist es möglich, den **Prüfungsort** zu besichtigen. Ansonsten recherchieren Sie im Internet, z. B. den Raum-Plan, Parkplätze, Cafeteria u. Ä.
- Informieren Sie sich über Ihre **Rechte** in der Prüfungsordnung Ihrer zuständigen Stelle. Wir sprachen bereits über die Prüfungseröffnung und Ihre Möglichkeiten, Fragen zum Ablauf zu stellen. Sie haben aber auch nach Abschluss der Prüfung Rechte. Sie können beispielsweise Einsicht in Ihre Prüfungsakte bei der Prüfungsbehörde beantragen. In begründeten Fällen kann der Prüfling innerhalb einer festgelegten Frist Widerspruch gegen die Bewertung seiner Prüfungsleistungen bzw. gegen Verfahrensfehler einlegen.
- Nehmen Sie bei Unklarheiten Kontakt zu Ihrem Prüfungssachbearbeiter bei der zuständigen Stelle auf. Oftmals können scheinbare Unerklärlichkeiten durch ein **Gespräch** schnell beseitigt werden.
- Prüfen Sie ob, Ihre zuständige Stelle den **Bewertungsbogen** der mündlichen Prüfung für Büromanagementkaufleute auf der Internetseite veröffentlicht. Einige Prüfungsbehörden geben damit den Teilnehmern wichtige Hinweise. (**Achtung: Es gibt keinen einheitlichen Bogen der zuständigen Stellen.**)

- Eine nichtbestandene Prüfung kann zweimal wiederholt werden. Bereits bestandene Prüfungsbereiche können in der Wiederholungsprüfung angerechnet und müssen nicht wiederholt werden. Aus dem Abschlusszeugnis der Berufsausbildung geht übrigens eine **Wiederholungsprüfung** nicht hervor.
- Holen Sie sich in der Vorbereitungszeit **Unterstützung** von Menschen, die Ihnen wichtig sind und denen Sie wichtig sind. Meiden Sie „Schwarzmaler".

4.2.2 Positive Sichtweise finden

Gehen wir von folgendem Szenario aus: Zwei Prüfungsteilnehmer aus dem gleichen Unternehmen, die beide während der Ausbildung gute Ergebnisse erzielt haben, befinden sich momentan zwei Wochen vor der mündlichen Abschlussprüfung. Martin und Paul haben gleich gute Vorleistungen und sind in der gleichen Situation, aber die bevorstehende Prüfung wird von beiden total unterschiedlich bewertet.

Originalton Martin: „Wie ich mich kenne, kriege ich da kein Wort heraus und falle durch. Das wäre die absolute Katastrophe. Ich kann mich nirgendwo mehr sehen lassen."

Originalton Paul: „Ich habe mich ganz gut vorbereitet und lasse die Prüfung jetzt auf mich zukommen. Falls ich in der mündlichen Prüfung mal nicht weiter weiß, sage ich das den Prüfern. Sie sind doch auch nur Menschen, und ich bin bestimmt nicht der erste Prüfling, dem das passiert. Ich würde dann tief durchatmen und versuchen, mich wieder zu konzentrieren."

Martin bewertet seine Situation trotz guter Leistungen sehr negativ – dementsprechend wird er sich fühlen: verunsichert, ängstlich, unkonzentriert. Paul dagegen fühlt zwar eine leichte Anspannung, weiß jedoch, dass er gut vorbereitet ist, und strahlt eine gewisse Sicherheit aus.

Eine Prüfung ist nicht gut oder schlecht, nicht einfach oder schwer, sondern so, wie der Einzelne sie bewertet. Erst aufgrund der Bewertung entstehen Gefühle und Verhalten. Also: Nicht das **Ereignis** Prüfung löst Ihre Gefühle aus, sondern Ihre **Bewertung**.

Praktische Tipps und Hilfen 4

Positive Bewertung der Prüfung = positive Gefühle

Negative Bewertung der Prüfung = negative Gefühle

Unser Gehirn kann nicht unterscheiden zwischen der Vorstellung und der Realität. Warum zum Beispiel haben Menschen Angst vor winzigen Spinnen? Oder stellen Sie sich vor, dass vor Ihnen eine wunderschöne, saftige und herrlich gelbe Zitrone liegt. Stellen Sie sich weiter vor, Sie nehmen diese knallgelbe Zitrone in Ihre Hand und riechen daran.

Durch die Schale hindurch können Sie schon das Säuerliche wahrnehmen. In Ihrer Vorstellung schneiden Sie nun die Zitrone in zwei Hälften. Der Zitronensaft quillt sofort heraus. In Gedanken nehmen Sie die eine Hälfte in Ihre Hand und schnuppern daran. Sie können nun ganz eindeutig die Zitronensäure riechen.

Haben Sie beim Lesen mehr Speichel produziert oder das Gesicht verzogen? Es genügt die intensive Vorstellung an die Zitrone. Was hat das mit unserer Prüfung zu tun? Sehr viel. Wir können negative Gedanken zur Prüfung zügeln und unsere Phantasie und Vorstellungskraft als Waffe gegen die Angst einsetzen.

Gut zu wissen:

Angst ist die natürliche Reaktion des Menschen auf bedrohliche Situationen. Unser inneres Alarmsystem springt sofort an, die aktuelle Situation wird ernst genommen, unser Körper bereitet sich vor. Sofort wird Adrenalin ausgeschüttet, unser Puls geht schneller, die Aufmerksamkeit steigt. **Ein geringes bis mittleres Angstniveau treibt Sie in der Prüfungssituation an!**

Die Natur hat es so eingerichtet, dass wir in dieser Angst-Phase wesentlich mehr leisten können, weil wir einen starken Energieschub erhalten und der Körper auf Aktivierung schaltet. Die Angst wird dann zu unserem Helfer. Ein hohes Angstniveau dagegen blockiert – das tatsächliche Leistungsvermögen kann in der Prüfung nicht gezeigt werden. **Arbeiten wir daran, das Angstniveau niedrig bis mittel zu halten.**

4.2.3 Störende Gedanken loswerden

Gibt es Gedanken oder Bewertungen zur Prüfung, die Sie stören?

Wenn ja, dann werden Sie diese Gedanken los, und gelangen Sie stattdessen zu einer positiven Einstellung zur Prüfung. Alles, was wir uns angeeignet haben – auch eine negative Haltung zur Prüfung – können wir wieder verlernen! Allerdings geht das nicht hoppla-hopp, sondern erfordert regelmäßiges Üben, Rückschläge inbegriffen.

Schreiben Sie zuerst Ihren Angst auslösenden, blockierenden Gedanken auf. Danach formulieren Sie eine positive Aussage. Hiermit ist nicht gemeint, dass Sie alles rosarot sehen oder schönreden sollen, sondern eine Aussage finden, die Ihnen weiterhelfen kann. Sobald der negative Gedanke auftaucht, sagen Sie innerlich (oder wenn möglich auch laut) STOPP und sprechen Ihren konstruktiven Satz aus.

Als Training lesen Sie zuerst die Beispiele* auf den folgenden Seiten. Dann bearbeiten Sie die Übungsbeispiele. Lesen Sie zuerst den Gedanken. Stellen Sie sich dann die Fragen: Ist es tatsächlich so? War es in der Vergangenheit wirklich so? Stimmen die Fakten? Rede ich mir etwas ein? Dann formulieren Sie die ursprüngliche Aussage in eine Aussage um, die Ihnen weiterhelfen wird.

> **Tipp:**
>
> Hier kostenloses u-form Handout zum Thema Bewältigung von Prüfungsangst mit nützlichen Übungen herunterladen:
>
>  *www.u-form.de/addons/Ratgeber Prüfungsangst.pdf*

*Beispiele und Übungen in Anlehnung an:
Doris Wolf & Rolf Merkle: „So überwinden Sie Prüfungsängste. Psychologische Strategien zur optimalen Vorbereitung und Bewältigung von Prüfungsängsten." PAL Verlagsgesellschaft Mannheim, 10. Auflage 2009, Kapitel 6 „Die wichtigsten Angst auslösenden Gedanken"

Praktische Tipps und Hilfen 4

Beispiele

Angst auslösender, blockierender Gedanke:	Hilfreicher Gedanke:
Angst vor der Prüfungsvorbereitung	
Ich bin zu dumm, den Lernstoff zu kapieren.	Ich habe es immerhin bis hierher gebracht und Teil 1 der Prüfung geschafft. Nur, weil ich mich schwerer tue als andere, heißt das nicht, dass ich dumm bin. Ich brauche manchmal mehr Zeit als andere. Ich werde mich jetzt hinsetzen und mich Schritt für Schritt auf die Prüfung vorbereiten.
Angst vor der Prüfungssituation	
Wie ich mich kenne, kriege ich da kein Wort heraus und falle durch. Das wäre die absolute Katastrophe. Ich kann mich nirgendwo mehr sehen lassen.	Ich weiß nicht, ob ich kein Wort herausbekomme. Bisher ist es jedenfalls nicht passiert. Selbst wenn ich kurzzeitig blockiert wäre, ist es doch noch lange kein Desaster. Dann atme ich durch, schaue meinen Glücksbringer an und es wird weitergehen. Wenn ich durchfallen sollte, stehen meine Familie und Freunde trotzdem zu mir.
Vor lauter Angst und Aufregung werde ich die Fragen nicht verstehen.	Ich kann beim Prüfer nachfragen, wenn ich eine Frage nicht verstehe. Das ist kein Problem, die Prüfer haben sicherlich Verständnis. Ich erlerne eine Atemtechnik, um meine Nervosität abzubauen.
Angst vor dem Prüfer	
Wenn der Prüfer mich nicht leiden kann, wird er mich fertig machen.	Warum sollte der Prüfer mich nicht leiden können? Der bewertet lediglich meine Leistung in dieser Situation. Außerdem sind mehrere Prüfer anwesend. Ich weiß nicht, wie der Prüfer sein wird, er kann mich jedenfalls nicht fertig machen. Ich habe Rechte.
Angst vor den Folgen des Versagens, Blamage, Selbstzweifel	
Wenn ich die Prüfung nicht bestehe, ist alles aus, beruflich fasse ich keinen Fuß.	Wenn ich die Prüfung nicht bestehen sollte, habe ich immer noch zwei Wiederholungsmöglichkeiten. Selbst wenn ich es endgültig nicht schaffe, geht mein Leben dennoch weiter. Ich könnte einen anderen Beruf erlernen oder ohne Abschluss arbeiten. Es ist unwahrscheinlich, dass ich die Prüfung nicht bestehe. Also konzentriere ich mich jetzt auf die Vorbereitung.

©u-form Verlag – Kopieren verboten!

4 Praktische Tipps und Hilfen

1. Übung

Wandeln Sie blockierende Gedanken in hilfreiche Gedanken um.

Blockierender Gedanke	Hilfreicher Gedanke
Angst vor der Prüfungssituation	
1. Ich habe immer Pech in Prüfungen. Es kommen immer nur die Themen dran, auf die ich mich nicht vorbereitet habe.	
2. Unter Zeitdruck mache ich immer Fehler. Deshalb verhaue ich bestimmt die Prüfung.	
3. Ich darf im Prüfungsgespräch keine Fehler machen.	
Angst vor dem Prüfer	
4. Alle Prüfer sind ungerecht und voreingenommen.	
Angst vor den Folgen des Versagens, Blamage, Selbstzweifel	
5. Meine Eltern werden maßlos enttäuscht sein und mir Vorwürfe machen.	
Mein eigener blockierender Gedanke:	**Mein neuer hilfreicher Gedanke:**
6.	

Praktische Tipps und Hilfen 4

Vorschläge:

Zu 1)
Ich kann nicht hellsehen und weiß deshalb nicht, wie es in der kommenden Prüfung sein wird. Außerdem dramatisiere ich, denn manche Fragen konnte ich in der letzten Prüfung beantworten. Außerdem sind die möglichen Themen durch die Wahlqualifikationen schon eingeengt. Ich kann mich informieren, welche Fragen in meinen Wahlqualifikationen häufig drankommen und mich darauf vorbereiten.

Zu 2)
Es stimmt, dass ich mich in einer ruhigen Atmosphäre und ohne Zeitdruck besser konzentrieren kann. Es gab aber auch schon Stress-Situationen, in denen ich gute Ergebnisse erzielt habe. Außerdem bereite ich mich durch die Übungen aus diesem Buch gut vor.

Zu 3)
Dieser viel zu hohe Anspruch setzt mich nur unter Druck und gerade dann macht man Fehler. Nobody is perfect. Ich werde mich konzentrieren und mich bemühen, mein Leistungsvermögen zu zeigen.

Zu 4)
Ich kenne die Prüfer nicht und weiß deshalb nicht, wie sie sich mir gegenüber verhalten werden. Vielleicht haben ehemalige Prüflinge übertrieben, weil sie sich schlecht vorbereitet hatten. Ein Prüfer muss sich an Vorgaben und Gesetze halten. Warum sollte er eine Fehlentscheidung wagen?

Zu 5)
Ich weiß nicht, wie meine Eltern sich verhalten würden. Vorwürfe wären unangenehm, aber ich könnte sie ertragen. Ich werde mich so gut wie möglich vorbereiten. Falls ich es nicht schaffen sollte, wäre ich zwar sehr enttäuscht, mache mir dann selbst aber keine Vorwürfe. Wenn meine Eltern jedoch damit nicht fertig werden sollten, so ist das ihr Problem. Ich bin ja nicht absichtlich durch die Prüfung gefallen.

Schreiben Sie Ihren wichtigsten konstruktiven Satz auf und kleben Sie den Zettel dort hin, wo Sie ihn häufig sehen können. Sobald der negative Gedanke auftaucht, sagen Sie STOPP und setzen Ihren hilfreichen Gedanken dagegen. Es braucht Zeit, aber bei regelmäßiger Wiederholung werden Sie feststellen, dass der hilfreiche Gedanke verinnerlicht wurde und Sie die Prüfung anders bewerten.

4 Praktische Tipps und Hilfen

2. Übung

Setzen oder legen Sie sich bequem hin. Stellen Sie sich wie in einem Video vor, was Sie tun werden, wenn Sie die Prüfung bestanden haben. Genießen Sie diese angenehmen Bilder und Phantasien. Genießen Sie, wie Sie Ihr Wissen in der Prüfung einsetzen können, wie Sie aufgrund des Prüfungserfolgs Ihren Arbeitsvertrag unterschreiben, das erste Gehalt ausgeben usw. Stellen Sie sich vor, wie sich Ihre Familie und Freunde verhalten werden, wenn Sie ihnen vom Prüfungserfolg berichten. Vielleicht feiern Sie eine Party? Malen Sie sich aus, wie sich Ihr Leben verändern wird, wenn Sie Freude und Anerkennung im Beruf haben. Führen Sie diese Übung regelmäßig bis zur Prüfung durch.

Durch Phantasien können starke Emotionen entstehen. Die in der Phantasie trainierte Situation verwirklicht sich in der Realität wahrscheinlicher als die nichttrainierte. Fokussieren Sie sich auf den Erfolg und nutzen Sie die Macht der positiven Gedanken.

3. Übung

Lachen und Angst sind zwei Reaktionen, die unvereinbar sind. Wer lacht, hat keine Angst! Entdecken Sie den Humor für sich.

Wenn Sie in Grübeleien verfallen, dann probieren Sie es aus: Stellen Sie sich folgende Prüfungssituationen vor und entwickeln Sie lustige Übertreibungen in Ihrer Phantasie:

- Sie warten vor dem Prüfungsraum. Plötzlich können Sie sich so klein machen, dass Sie durch das Schlüsselloch hindurchkrabbeln können.
- Jetzt stehen Sie vor den Prüfern, und diese müssen sich auf ihre dicken Bäuche legen, um Sie sehen zu können. Weil Sie so winzig sind, müssen sich die Prüfer Brillen mit extra-dicken Gläsern aufsetzen, außerdem haben alle Prüfer Hasenzähne…
- Ein anderer Prüfling hat ein Lachpulver in den Kaffee getan, die Prüfer sind sooo fröhlich, wollen nur noch Bestnoten vergeben…
  Und Ihre Idee???

4. Übung

Führen Sie sich vor Augen, was Sie für die Prüfung tun. Markieren Sie auf einem gut sichtbaren Planer die Tage farbig, an denen Sie gelernt haben. Kennzeichnen Sie auch die Tage, an denen Sie die Empfehlungen aus diesem Buch umgesetzt haben. Der Effekt ist ein beruhigender Gedanke. „Ich bereite mich regelmäßig und systematisch auf die Prüfung vor. Ich komme voran."

5. Übung

Sehen Sie doch mal im Internet nach, welche erfolgreichen Mitmenschen Prüfungen wiederholen mussten, sitzen geblieben sind bzw. gar keinen Schulabschluss haben. Sie werden überrascht sein.

Praktische Tipps und Hilfen 4

4.3 Mein Tag vor der Prüfung

Für den ersten Eindruck gibt es keine zweite Chance. Der erste Eindruck ist zwar nicht immer der richtige, diese Erfahrung haben Sie wahrscheinlich auch schon gesammelt. Der erste Eindruck darf auch nicht den Prüfungsverlauf bestimmen oder in die Bewertung einfließen. Fakt ist jedoch: Der erste Eindruck bleibt hängen.

Deswegen überlegen Sie sich bitte, wie Sie sich zur Prüfung kleiden möchten und probieren Sie diese Sachen vorher an. Ihre Kleidung sollte dem Anlass der Prüfung angemessen sein, d. h. sauber, knitterfrei, keine Turnschuhe oder extravagante Kopfbedeckungen. Gerade die Sommerprüfung verleitet einige Teilnehmer dazu, in luftiger Freizeitkleidung zu erscheinen – aber Flipflops, kurze Hosen oder Miniröcke, übertriebene Ausschnitte oder Ähnliches sind in der Prüfung tabu.

Zu einem gepflegten Äußeren gehören frisch gewaschene Haare, falls Sie sich schminken ein dezentes Make-up, bei den männlichen Teilnehmern ein gepflegter Bart bzw. eine frische Rasur. Natürlich sollten Sie sich wohlfühlen bei Ihrem „Auftritt" und nicht verkleidet. Sind Sie noch unsicher beim Outfit? Was halten Sie davon, wenn Sie sich in dieser Frage Rat von den Eltern oder Arbeitskollegen holen? Üblicherweise gehören die Prüfer zu den Berufserfahrenen und „ticken" gewöhnlich eher wie die Eltern-Generation.

Am Prüfungsvortag sollten Sie nicht mehr lernen. Falls der Vortag ein Arbeitstag ist, dann versuchen Sie pünktlich Feierabend zu machen oder besser noch ein paar Überstunden abzubummeln. Tun Sie etwas Gutes für sich, das Sie entspannt oder ablenkt – vielleicht schwimmen, Bewegung an der frischen Luft, eine Massage, Kuchen backen, kochen, bügeln…?

Packen Sie in Ruhe Ihre Unterlagen laut Prüfungseinladung, z. B. Personalausweis, Einladung, ggf. Report, ggf. Ausbildungsnachweise. Lernmaterialien wie Fachbücher gehören nicht dazu. Prüfen Sie letztmalig Ihre Einladung und denken Sie auch daran, persönliche Dinge einzupacken. Regenschirm? Glücksbringer? Getränk? Fahrschein usw.? Haben Sie den (oder die) Wecker so gestellt, dass Sie am Morgen alles in Ruhe erledigen können? Liegt die Kleidung bereit?

Der Abend sollte ohne Aufregung verlaufen, so dass Sie (einigermaßen) entspannt einschlafen können.

4 Praktische Tipps und Hilfen

> *Stoßseufzer eines Schülers am Tag vor der Prüfung:*
> *„Auch morgen wird es gestern werden."*
>
> Emil Baschnonga (*1941), Schweizer Schriftsteller und Aphoristiker

4.4 Am Prüfungsmorgen

Am Prüfungsmorgen ist es wichtig, positiv gestimmt zu sein. Falls negative Gedanken auftauchen, stoppen Sie diese sofort und reden Sie sich selbst gut zu. Nehmen Sie ein leichtes, nahrhaftes Frühstück zu sich, verzichten Sie auf das Tageshoroskop. Es macht auch keinerlei Sinn, am Prüfungsmorgen noch Fachliches zu lernen. Vermeiden Sie am Prüfungsmorgen bzw. -tag den Kontakt mit anderen Prüflingen, denn jetzt verlassen Sie sich ganz auf sich selbst. Sie werden die Prüfung souverän meistern.

4.5 Vor dem Prüfungsraum

Zur Prüfungssituation gehört auch das Warten vor dem Prüfungsraum, das für alle Teilnehmer nicht vergnüglich ist. Deshalb ist Ablenkung in diesem Moment sinnvoll. Denken Sie an eine Situation in der Vergangenheit, die Sie erfolgreich gemeistert haben. Wenn es Ihnen hilft, können Sie auch an Ihren Helden aus Film, Comic, Sport usw. denken. Auf diese Art und Weise überbrücken Sie nicht nur die Wartezeit, sondern nehmen auch eine entsprechende Körperhaltung an und gelangen zu einer positiven Ausstrahlung.

Falls Sie aufgrund der Anspannung einen trockenen Mund haben sollten, kann ein saurer Apfel für eine Durchfeuchtung des Rachenraums sorgen oder halten Sie ein Getränk bereit. Ansonsten gilt: Was hat Ihnen in der schriftlichen Prüfung geholfen? Kaffee oder Cola als Coffein-Schub, eine Banane, schwarze Schokolade für die Glückshormone, Traubenzucker? Halten Sie sich an Bewährtes.

Praktische Tipps und Hilfen

4.6 Während der Prüfung

Neben dem Prüfungsablauf wurden im Kapitel 2.3 schon viele Tipps zum Verhalten in der Prüfung gegeben. Ergänzend weitere Empfehlungen:

- Gehen Sie mit einer aufrechten und selbstbewussten Haltung in die Prüfung. Wie Sie sich innerlich fühlen, muss niemand wissen. Wenn man den Kopf und die Schultern einzieht, fühlt man sich klein und hilflos – deswegen Kopf hoch, Brust raus, freundliches Lächeln.
- Nervosität ist normal. Diese kann man auch vor den Prüfern eingestehen.
- Bei zittrigen Händen nehmen Sie einen Stift in die Hand; halten Sie sich daran fest. (Stift ohne Kappe oder andere Teile, die sich zum nervösen Spielen eignen)
- Beziehen Sie nicht jede kleine Beobachtung auf sich selbst (Ein Gähnen des Prüfers muss nicht heißen, dass Ihre Ausführungen langweilig sind. Vielleicht hat der Prüfer nur schlecht geschlafen.) Konzentrieren Sie sich auf das, was die Prüfer fragen bzw. sagen.
- Bleiben Sie ruhig, falls Sie eine Frage nicht beantworten können. Sie können auch mit einer Frage reagieren, z. B. „Ich bin nicht sicher, in welche Richtung die Frage zielt. Meinten Sie …?"
- Wenn Sie Zeit zum Nachdenken brauchen, signalisieren Sie das Ihren Prüfern, z. B. durch ein Nicken nach der Fragestellung. Die Prüfer wünschen sich auch Mimik vom Prüfling, denn sie können nicht in den Kopf des Prüflings schauen.
- Denken Sie laut – in Quiz-Shows wird es oft von den Kandidaten gemacht. Die Prüfer können Ihre Gedankengänge nachvollziehen und eventuell bei einem Irrweg einhaken.
- Wenn Ihnen absolut keine Lösung einfällt, teilen Sie dies den Prüfern mit, z. B. „Diese Frage kann ich nicht beantworten."
- Die Prüfungssprache ist deutsch. Falls Sie Probleme mit der deutschen Sprache haben, teilen Sie dies den Prüfern mit. Es kann berücksichtigt werden, z. B. durch langsameres Sprechen und dialektfreie Aussprache.
- Verwenden Sie Fachbegriffe, um Fachkompetenz zu zeigen. Jeder Fachbegriff muss jedoch auch definiert werden können. Wenn Sie also nicht sicher sind, dann verzichten Sie auf den Fachbegriff und ersparen sich so das Nachfragen der Prüfer.
- Es kann passieren, dass Sie mal den Faden verlieren. Bitten Sie die Prüfer, die Frage zu wiederholen.
- Diskutieren Sie nicht mit den Prüfern aus Freude am Widerspruch. Respektieren Sie die Überlegenheit der Prüfer in dieser Situation.

4.7 Nach dem Prüfungsgespräch

Nach Beendigung des Fachgespräches werden Sie gebeten, den Raum kurz zu verlassen. Der Prüfungsausschuss wird über die Bewertung Ihrer Prüfungsleistung beraten und Sie anschließend darüber informieren, ob Sie die Prüfung bestanden haben. Sie erhalten eine vorläufige Bescheinigung über das Bestehen oder Nichtbestehen zur Vorlage im Ausbildungsbetrieb.

Oftmals geben die Prüfer ein kurzes Feedback zur mündlichen Prüfung, allerdings sind sie dazu nicht verpflichtet – und schon gar nicht müssen sich die Prüfer rechtfertigen. Verabschieden Sie sich freundlich. Und wenn Sie draußen sind: Springen Sie ruhig in die Luft oder machen Sie, was Ihnen Spaß macht. Es ist bestimmt ein wunderschöner Moment für Sie.

Mit dem Bestehen der Abschlussprüfung endet Ihr Ausbildungsverhältnis. Das Abschlusszeugnis bzw. den offiziellen Prüfungsbescheid erhält man in der Regel einige Zeit nach der Prüfung von der zuständigen Stelle per Post.

Für eilige Leser der Kurzüberblick:

Versuchen Sie, sich am Prüfungstag in eine gute Stimmung zu bringen – auch wenn es vielleicht schwer fällt: Nehmen Sie sich Zeit für sich, decken Sie z. B. Ihren Frühstückstisch schön, hören Sie Ihre Lieblingsmusik auf der Fahrt zur Prüfung, halten Sie sich an Ihrem Glücksbringer fest. Führen Sie sich vor Augen, wie intensiv Sie sich auf die Prüfung vorbereitet haben. Stellen Sie sich Ihre Freude vor, wenn Sie Ihr Ziel – die bestandene Prüfung – erreicht haben.

Verzichten Sie auf den Kontakt mit anderen Prüfungsteilnehmern, auch per Handy. Vertrauen Sie Ihrem eigenen Leistungsvermögen.

Praktische Tipps und Hilfen 4

Und nun?

Es war mir eine Freude, Sie ein Stück auf Ihrem beruflichen Weg zu begleiten zu dürfen. Ich verabschiede mich mit einem Zitat von Estée Lauder, einer großen amerikanischen Kosmetik-Unternehmerin: Sie sagte: „Ich habe niemals an Erfolg geglaubt. Ich habe dafür gearbeitet."

Bleiben Sie also am Ball bei Ihrer Prüfungsvorbereitung, arbeiten Sie an sich, dann werden Sie mit Erfolg belohnt. Positive und konstruktive Gedanken werden Ihnen auf Ihrem Weg zum Prüfungserfolg helfen, vor allem, wenn es schwierig erscheint.

Alles Gute für die Prüfung und Ihre berufliche Zukunft wünscht Ihnen

Ihre

Angela Heim

PS: Ich freue mich über konstruktives Feedback, Anregungen, Wünsche unter **info@angelaheim-coaching.de**

Literaturverzeichnis / Bildnachweis

BIBB Bundesinstitut für Berufsbildung (Hg.): Kaufmann/Kauffrau für Büromanagement. Umsetzungshilfen und Praxistipps. Bielefeld 2014.

Grolimund, Fabian (JAHR): „Effektiv denken, effektiv lernen". www.fabian-grolimund.ch. Stand 2010

Heim, Angela: Kaufmann/Kauffrau für Groß- und Außenhandelsmanagement. Die mündliche Abschlussprüfung clever bestehen. u-form Verlag, Hermann Ullrich GmbH & Co. KG, 1. Auflage 2021

Heim, Angela (2012): Studienschriften zum Fernlehrgang „Ausbildung der Ausbilder", zertifiziert unter der Nr. 584512 am 27.12.2012 durch die Staatliche Zentralstelle für Fernunterricht (ZFU) in Köln

Metzig, Werner / Schuster, Martin (2009): Prüfungsangst und Lampenfieber. Verhaltenstipps für Prüfungssituationen. 4. Auflage, Berlin / Heidelberg.

Schmidt, Jens-Uwe (2005): "Prüfungsmethoden in der beruflichen Aus- und Weiterbildung. Katalog und Leitfaden für Sachverständige in Neuordnungsverfahren, Aufgabenersteller/-innen und Prüfer/-innen." DIHK

Storch, Maja (2011): Das Geheimnis kluger Entscheidungen. Von Bauchgefühl und Körpersignalen. 2. Auflage, München.

Verordnung über die Berufsausbildung zum Kaufmann für Büromanagement und zur Kauffrau für Büromanagement vom 11. Dezember 2013, veröffentlicht am 17. Dezember 2013 im Bundesgesetzblatt Jahrgang 2013 Teil I Nr. 72, Seite 4125

Verordnung über die Erprobung abweichender Ausbildungs- und Prüfungsbestimmungen in der Büromanagementkaufleute-Ausbildungsverordnung vom 11. Dezember 2013, veröffentlicht am 17. Dezember 2013 im Bundesgesetzblatt Jahrgang 2013 Teil I Nr. 72, Seite 4141

Wolf, Doris / Merkle, Rolf (2009): So überwinden Sie Prüfungsängste. Psychologische Strategien zur optimalen Vorbereitung und Bewältigung von Prüfungsängsten. 10. Auflage, Mannheim.

Bildverzeichnis

Seite 9, 10, 43:
u-form Verlag, Gestaltung nach: Bundesgesetzblatt Jahrgang 2013 Teil I Nr. 72, ausgegeben zu Bonn am 17. Dezember 2013

Seite 84:
Angela Heim

Seite 98:
creativ collection Verlag GmbH

Notizen

Notizen